讓小施告訴你，
如何挑車不受騙！

黑心車商
不告訴你的專業鑑車術

U0077320

二手車
購買聖經

小施——著

c o n t e n t s

o r d e r

o n e

買車前，不被拐的基礎小常識   011

黑心車商常用的手法大公開

t w r e e

看車的時候，你需要注意哪些部份？

a p p e n d i x

專為購買中古車消費群體量身訂做的工具書

中古車，是 21 世紀的明星

筆者在中古車界打滾二十餘年，有幸與全台灣中古車菁英共同見證車市歷史，走過與景氣赤裸的交戰，走過消費趨勢的巨變。如同一般傳統產業，在這個訊息混亂、大者恆大的新世代潮流中，中古車漸漸失去穩定的步伐觀向夕陽。

在國外成熟汽車市場上，中古車交易量遠遠超過新車。越不景氣越多消費者購買中古車，慢速經濟讓大家勒緊褲帶，聰明想省錢的人會買中古車，有錢想省時間的人會買新車，這有一定的市場邏輯。

如今面對環保及景氣等問題，我們終究要告別二十世紀大量製造大量消費的習慣，朝共享經濟前進。而我們所期盼改變中古車的契機，也正式到來。因為中古車，是未來汽車產業上的明星。

推薦本書的理由

初次見到小施，是因 Goo2 手車訊在全台灣網羅最優秀的菁英推廣好店計畫，目標是藉由媒體與好車商的合作，改變中古車陋習。經過我們長期的觀察及許多同業的推薦，拜會了網路上評價很高的小施汽車。

就筆者觀察，小施的買賣方式與傳統業者有顯著差異，主張「以透明為訴求，以口碑做行銷」，讓消費者獲得良好的購車體驗。同時，在每一次接觸消費者時，都傳遞他獨特經營的核心價值，其中包含「車況對稱、專業信賴、服務標準」。也因為接觸越深，越了解消費者的無奈。該用甚麼方式讓消費者更了解中古車呢？

於是小施有了出版的念頭。

在短短一年間起心動念開始執行，將中古車觀點以通俗易懂的方式介紹、慘痛消費案例分享、專業看車邏輯等，給每位讀者立即應用在購買時的判斷，透過傳神的描述，本書具有高度實用性與參考價值，讓您一次就買對。

中古車原本無罪，有心之士利用不對稱資訊與詐騙技巧讓市場背負汙名。小施以車商從業者角度將市場觀點重新詮釋，這是一個好的開始。我們相信，只要越多消費者了解中古車如何避險，越多好店傳遞正面能量，加上第三方監督機制的把關，這產業將陸續展現健康發展，邁向朝陽未來。祝您在好店購車愉快！

—— Goo2 手車訊副總經理　**吳育青**

讓購買二手車變成簡單又沒有壓力的一件事

在二手車界十多年來的經驗，其實說長也不長，但因為對車的熱情持續發酵，因此一直在部落格的私領域裡與大家分享，希望能夠藉由這次出版的機會，整合許多文章與注入所欠缺的部份，給讀者在買車上帶來一定的幫助。

各行各業一定都充斥著不同的做生意方式與理念，文內所分享的案例皆是歷年來網友跟小施求助的真實案例。並非要妖魔化中古車商，而是消費者有權利選擇自己喜歡的消費方式，在如今網路媒體快速傳遞的時代，好與不好的經驗都能夠被廣泛流傳，而小施當然也希望市場能夠更透明，讓購買二手車變成簡單又沒有壓力的一件事。

車子的事故或是泡水，甚至里程數的調整本身並不是問題，市面上也絕對充斥著這類的車子，但問題在於商人在賣給你的時候是否如實告知，並且反映在車價上。就好比販售的食品包裝上的成份表，透明的揭露讓消費者能夠有評判的標準，而不是只為了成交，而以拐騙的方式或避重就輕的話術來銷售。甚至刊登不真實的年份、車況、價錢來吸引消費者前往賣場，浪費社會資源。

二手車並非新車，相同年份、顏色、配備甚至里程都一樣的兩台車，會因為使用及保養保存方式的不同而有截然不同的車況，所以買賣之中「車價」並不會是唯一要考慮的點，在合理的金額下「車況」才是最需要注意的。購買二手車的原因有可能是練習、代步、經濟。但如果買回後不斷地花時間與金錢在維修上，反而失去了當初買二手車的意義了。

資訊的爆炸，對於消費者是絕對有利。以前的二手車買賣經驗中，買到沒有事故、沒有泡水、沒有調表的車就可能頒發給車行好人好事代表了。但現今的我們可以要求更多，不僅我要能夠選擇沒有事故、泡水、調表的車，並且我要評估車買回來後我還需不需要花時間與金錢來維修，這又是另外一項艱難的課題了。

當然多年來的經驗很難在一本書裡面就能夠全部傳授，但如果能夠有六成以上的幫助，再搭配謹慎選擇擁有良好口碑的品牌與車商，相信您也能夠輕鬆愉快的購入一台適合自己的好車。

—— 小 施

小施提醒！看車前必須做的準備

事前準備好這些

捲尺：檢查前後輪的輪框間距是否對稱。

黃光的手電筒：檢查引擎室內部構造、較隱密的地方。

白天去看車：白天看車較容易看出各漆面的色差及內裝的耗損程度。

二手車快速檢驗表

　　簡易快速的檢查，如果符合太多缺失，建議可以再找尋下一台車。（其實大部分的二手車商鑑定的基礎也是如同此表流程，所以可視為二手車鑑定的基本功喔！）

車體外觀檢查

是否

□□ 左右大燈是否破損或有新舊色差。

□□ 前角燈左右是否破損或有新舊色差。

□□ 左右尾燈是否破損或有新舊色差。

□□ 檢查各鈑件外觀是否有色差、破損，鈑件之間是否有未對稱之間隙。

□□ 車牌的新舊程度與整體外觀是否有很大落差。

□□ 某些品牌的車，每一塊鈑金均有防盜貼紙，是否全部存在沒有缺少。

引擎室檢查

是否

□□ 目視引擎蓋螺絲是否有轉動痕跡。

□□ 引擎蓋的防水硬膠是否存在或為軟膠。

□□ 引擎室內各漆面是否有新舊色差。

□□ 引擎本體是否有漏油痕跡。

□□ 檢視左右大樑是否漆面有色差或鈑金生鏽痕跡。

□□ 水箱是否缺水或顏色為清水或生鏽水。

□□ 拉起機油尺，檢視機油量是否足夠。

□□ 打開機油蓋，檢視機油是否乳化。

□□ 檢查引擎室內各管路週邊是否有油漬或水漬。

□□ 趴下檢視引擎底部是否有油漬。

車身及後車廂檢查

是否

□□ 目視車門以及後車廂蓋螺絲是否有轉動痕跡。

□□ 車門的側邊及後車廂的防水硬膠是否存在或為軟膠。

□□ 車門的側邊均有防盜貼紙，是否全部存在沒有缺少。

□□ 後備胎座內是否有噴漆鈑金痕跡。

□□ 前後輪與鈑件空隙是否間隙不同或不對稱。

□□ 檢查輪胎年份是否小於或等於汽車出廠年份。

內裝及儀表板檢查

是否

□□ 上車的瞬間是否嗅到霉味或是任何不屬於汽車的異味。

□□ 檢視安全帶狀況是否與內裝耗損程度及里程數不符合。

□□ 打開冷氣，出風口是否發出異味。

□□ 測試冷暖氣是否功能正常。

□□ 冷氣出風口內是否有冷媒流動異音。

□□ 駕駛座出風冷度與副座冷度 是否有溫差。

□□ 發動後，檢視儀表燈號（SRS 燈應最後熄滅）。

□□ 檢查座椅底部鐵件是否有生鏽或泥土附著。

□□ 檢查儀表板底部線組或空插頭是否有泥土附著。

試車檢查

是否

□□ 發動引擎瞬間是否感覺發動無力或有不正常異音。

□□ 發動後，靜態觀察轉速是否過高或過低或是上下浮動。

□□ 發動後，踩住煞車，檔位排入 D 檔，感受是否有入檔的頓挫撞擊。

□□ 發動後，踩住煞車，檔位排入 R 檔，感受是否有入檔的頓挫撞擊。

□□ 發動後，引擎本體是否傳出金屬敲擊異音。

□□ 排氣管排出的煙是否為黑色或帶點藍色

□□ 排氣管排出的煙是否聞了覺得非常臭或難以呼吸。

在買車之後的準備

　　我們並不曉得前車主是否有定期的保養車子，若是在完成交易之後你對於車子的保養狀況並沒有太大的把握，小施建議您可以開去信任的保養場進行一次大檢查，並更換五油三水（五油是指引擎機油、變速箱油、動力方向機油、煞車油、汽油，三水是指引擎冷卻水、電瓶水、雨刷水）。

「二手車快速檢驗表」下載網址：goo.gl/6hBTko

小施提醒！看車前必須做的準備

one

買車前，
不被拐的
基礎小常識

買車前的注意事項

❶ 買車的流程與需注意的事項

建議消費者買車前可以先鎖定車型，再來鎖定車商，便能夠抽空現場賞車。

同款車最好多看幾台車之後再做決定，看越多台或是跟車商或車主聊得越多，就越能夠瞭解該跟誰買和該購買哪台。

如書中附錄的流程表所示，試車後可要求至第三方公證單位查驗後再行簽約付訂，或是簽約付訂後於合約內容寫明查驗後若無疑問再行過戶也可。

另外，因為監理站規定過戶必須要有下一任新車主的雙證件正本才能辦理，所以可要求合約內註明誰在什麼時候收了您的證件與將用於何處，期間內不得挪用他途等。當然，請個假親自陪同至監理單位辦理過戶也是方法之一。

交車時要清楚檢查所有的車體、配件、車籍資料、引擎車身號碼，在核對無誤後方再與對方結清尾款。並於合約上註明交車的時間點，以區分日後的民事與刑事責任與違規罰鍰。

另外合約上可能有註明許多的保證，例如有無事故、泡水、調表等等，在交車後可盡快至原廠或是任何第三方公證單位作檢驗，若有任何疑問也可以儘快與賣家反映，以免夜長夢多。

❷ 如何分辨租賃車、營業車、和自用車

於各大入口網站搜尋「公路監理加值服務網」

https://mvdvan.hinet.net/mvdvan/whpg.htm

點選「查詢車輛或駕駛人資料」（如圖一，013.p）

依照登入畫面的帳號密碼使用方法登入並且輸入車牌號碼，選擇查詢「（01）汽車車籍查詢（輸入最新車牌號碼）」

選擇「送出」（如圖二，013.p）

以下為查詢結果：（如圖三，014.p）

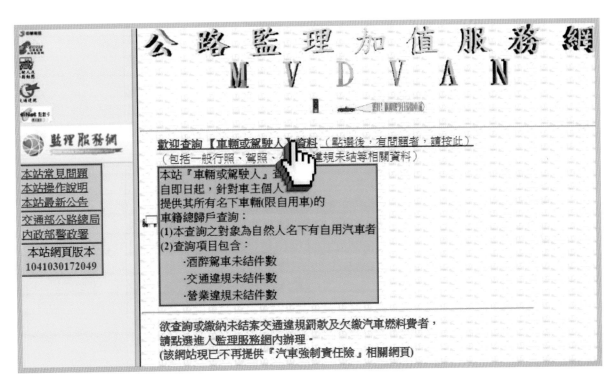

圖一

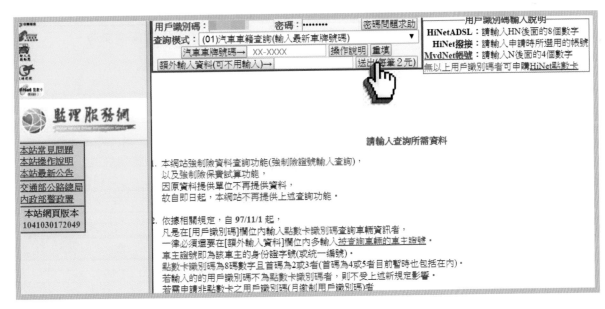

圖二

【查詢車號】	6D-52▓▓	【目前車號】	AR*-*093
【上次車號】		【行照有效日】	
【牌照狀態】	外區移入-過戶	【狀態日期】	1020805
【車種】	自用小客車	【燃料】	汽油
【廠牌】	BENZ	【型式】	C200
【出廠年月】	200201	【顏色】	白
【式樣】	轎式	【排氣量(cc)】	1998
【最近里程數】	185357 KM(僅供參考)	【最近里程檢驗日】	1050825
【次近里程數】	110000 KM(僅供參考)	【次近里程檢驗日】	1050318
【目前管轄單位】	臺北區監理所	【發牌日期】	910325
【原發照日期】	910325	【補換照日期】	1050825(1050825過)
【下次定檢日】	1060325	【延檢申請】	無
【動保迄日】		【動保次數】	0(次)
【吊扣迄日】		【禁止異動】	0(次)
【環保違規】	0(次)	【違反強制責任險】	不顯示
【違反公路法第75條】	0(次)	【未結案交通違規】	0(次)，0(元)
【欠繳牌照稅】	不顯示	【違反牌照稅法】	不顯示
【欠繳燃料費】	0(次)，0(元)		

注意：本查詢結果的欠繳情況僅限已逾法定繳納期限者(當年期未逾期限者不會顯示)。
注意：因車輛資訊並未全部揭露以及恐有資料時差情形發生，
故車輛實際資訊只能以公路監理單位記載及認定者為準，本表僅供參考。

圖三

【查詢車號】	AKJ-▓39	【目前車號】	AKJ-▓39
【上次車號】	172-▓	【行照有效日】	
【牌照狀態】	外區繳銷重領	【狀態日期】	1031202
【車種】	自用小客車	【燃料】	汽油
【廠牌】	本田	【型式】	ACCORD2.0VTi
【出廠年月】	200908	【顏色】	灰
【式樣】	轎式	【排氣量(cc)】	1997 cc

圖四

因為個資法的關係，雖然並不能查到車主的名字，但可以從「上次車號」這個欄位來判斷車子狀態。如果車牌為「RXX-XXXX」，可知之前為租賃車，若為「XXX-XX」則是當過計程車使用。當然如果出「上次車號」的欄位出現的也是自用的號碼，代表此車換過車牌，可以再次查詢之前的車牌，即可查到上上次的號碼，以此類推，可以查到空白為止。

當然除了可以看見車牌的部份，還包含了排氣量、顏色、出廠年月等，可以查出有沒有灌了年份。里程數的部份可以作為參考，上面登記的里程數是上一次驗車時驗車廠的電腦紀錄，但僅供參考，因為調過表後再去驗車便會被覆蓋為最新一次的里程。

亦可看出是否為一手車，『牌照狀態』欄位如為『本區新領』則為一手車，如同上圖記載為『外區移入──過戶』，則為已經過戶的二手車，但無法查詢當中過了幾手。

以下即為前次車號為計程車的範例查詢。（如圖四，014.p）

❸ 聽說車行都會調表，我該如何自保？

並不能說車行都會調表，而是二手車這麼多年來很多狀況都很難查詢的到，也聽過不少消費者為了賣好價錢透過關係去更動里程的狀況。

如果是蠻近年份的車（約六年內），一般建議購買前可經由車牌號碼至原廠查詢最後一次的保養里程，若是因為個資法問題車廠不願意提供，那麼也可請將要賣給您的車主（商）幫您作查詢並提供。當然如果有推託或是不願意幫忙查詢的情況，我們也只能認為事有蹊蹺。

當然上面教學的監理網站也可以作里程的查詢參考。

建議合約的內容要詳實登載您購買時交車的里程數，並以合約來請賣方作里程的擔保，當然這是最後一道防線，交車後儘速至各大原廠查詢保養里程，至於合約內容到時候賣方是否履行又是另一件事了。

當然小施認為，如果是價位較低或是車齡較高的車，還是以車況為主，里程數為輔，把重點放在買回後還需不需要花錢整修這樣的地方比較重要。

坊間國產車的調表費用不高，約 2000-5000 元。

❹ 二手車網站上的價錢差很多，到底什麼是合理的價錢？

當然首要先參考有信譽的車商，如果要全面的參考，就搜尋出同年份與相同配備的車，扣除掉最貴的二成與最低價的五成，留下中間的三成即為參考的市值行情，當然，里程數顏色配備與車況都會是變數喔！

❺ 要買二手車我該準備多少錢

案例說明：

小王 30 歲，月薪 4 萬，有存款 50 萬。

之前都是以機車代步，現在想要買人生的第一部車。

小施建議：

買二手車最重要的是經濟實惠，若是在預算不足的情況下買 1500-1800c.c. 的車子可以有效的省油和稅金，而在買車最好要先設想這台車預計要開多久，開的次數會不會很頻繁。

里程數預估試算表

買車前要先思考的問題	小王的答案
1.預計要開多久	5 年
2.開的次數多不多（1 年里程數） 　a.假日用：5000-8000 公里 　b.偶爾上班用（低）：1 萬公里 　c.平常會外出開會（中）：1 萬 8-2 萬公里 　d.在外跑業務（高）：2 萬 -3 萬公里	a. 假日用
（1）x（2）＝預估里程數	5 年 x 8000 公里 ＝ 4 萬公里

因為小王預計這台車只有要開 5 年，又不常用。那以小王現在的狀況會建議他買約 30 萬上下的車，依目前的車市狀況可以買到 1600c.c.、車齡約 7 到 8 年，主流款的國產車。這種條件的車子在價格上比較實惠也容易脫手，不需太擔心之後的折價問題。

因為小王只有 50 萬的存款，若是一次付清，手頭上的現金會比較吃緊。小施會建議他辦理部分貸款，以下為目前的貸款參考（以年利 75% 計算，實際利率依各家銀行而定）

a. 自備款 20 萬，貸款 10 萬 36 期。一年利息約 4000 元，總利息為 12000 元。

b. 自備款 10 萬，貸款 20 萬 36 期。一年利息約 8000 元，總利息為 24000 元。

小施會建議小王貸款是因為他若是一次付清，身上只剩下 20 萬元的存款。若是忽然有急

用時，他可能要去找銀行申請「原車融資」，此時反而要付出兩倍的利息錢！我們「不怕一萬，只怕萬一」，若是貸款 10 萬，每個月只需花約 3110 元（2777 元的本金 +333 元的利息）就可以把車牽回家，身上也還有 30 萬的存款，就不用太擔心若是臨時需要用錢的問題。（要預留多少錢還是要依各人的認知為準！）

辦理貸款須知

1. 買車前至少要準備一成的自備款，而可貸款的期數則要看各家銀行的規定，在貸款前建議先評估自己的負擔能力再決定貸款金額。

2. 銀行並沒有規定每月最低的繳款金額，但不建議為了壓低繳款金額去拉長貸款期數，期數越長負擔的利息會越多。

3. 車越舊貸款利率越高，貸款年限計算方式如下：

   五年內新車貸款利率最低，銀行會依照年份提高利息，而貸款的年限是有規定的（最多能貸 5 年）。

a. 國產車：

   13- 車齡＝最高貸款年限。

   Ex： 13-8 年車＝ 5 年，最多能貸 5 年。

b. 進口車：

   15- 車齡＝最高貸款年限。

   Ex：15-8 年車＝ 7 年，最多能貸 7 年。但大多銀行規定不得貸超過 5 年，還是以 5 年計算。

註：各家銀行標準不一，本數字僅供參考。

❻ 買車除了車價之外，還有什麼應該要付的費用嗎？

　　一般市面上二手車的開價，除了開價之外，另外需支付的費用有「年度燃料費與牌照稅」、「強制險費用」、「過戶費用」三項。

　　下方為稅金級距表，正常的開徵日期為四月與七月，但因為要過戶，所以監理站會要求先預繳全年度稅金，所以一般買賣即以分攤計算，假設您在 7/1 買了一台 1600c.c. 的汽車，您必須支付當年度從 7/1 到 12/31 期間的稅金（牌照稅加燃料費），算法約是 184 天（7/1~12/31）÷365 天（一年）x11920（全年度稅費總和）＝ 6009 元（買方須付費用）。（如圖 018.p -019.p）

自用小客車、汽車牌照稅與燃料級距表

排氣量	牌照稅	燃料費	稅金合計／年
500cc 以下	1,620	2,160	3,780
501-600cc	2,160	2,880	5,040
601-1200cc	4,320	4,320	8,640
1201-1800cc	7,120	4,800	11,920
1801-2400cc	11,230	6,180	17,410
2401-3000cc	15,210	7,200	22,410
3001-3600cc	28,220	8,640	36,860
3601-4200cc	28,220	9,810	38,030
4201-4800cc	46,170	11,220	57,390
4801-5400cc	46,170	12,180	58,350
5401-6000cc	69,690	13,080	82,770
6001-6600cc	69,690	13,950	83,640
6601-7200cc	117,000	14,910	131,910
7201-7800cc	117,000	15,720	132,720
7801-8000cc	151,200	15,720	166,920

汽機車相關稅費

稅費	牌照稅	燃料費
開徵日期	4/1	7/1
開徵法源	稅捐稽徵法	公路法
繳費期限	4/30	7/31，但到年底前繳交都不會罰款
逾期未繳	超過 4/30 每逾 2 天加罰 1% 滯納金，最高計算 30 天，超過 3 個月要再繳稅金一倍的罰款	超過 12/31，罰款 300 到 1800 不等

強制汽車責任保險費率表

費率等級	加減係數	車輛種類									
		自用小客車									
		20歲（含）以下		超過20歲至25歲（含）以下		超過25歲至30歲（含）以下		超過30歲至60歲（含）以下		超過60歲以上	
		男	女	男	女	男	女	男	女	男	女
1	-30%	2,594	1,757	2,395	1,627	1,567	1,158	1,099	1,019	1,148	889
2	-26%	2,634	1,796	2,435	1,667	1,607	1,198	1,138	1,059	1,188	929
3	-18%	2,714	1,876	2,514	1,747	1,687	1,278	1,218	1,138	1,268	1,009
4	0%	2,893	2,056	2,694	1,926	1,866	1,457	1,398	1,318	1,448	1,188
5	10%	2,993	2,155	2,794	2,026	1,966	1,557	1,497	1,418	1,547	1,288
6	20%	3,093	2,255	2,893	2,126	2,066	1,657	1,597	1,517	1,647	1,388
7	30%	3,192	2,355	2,993	2,225	2,165	1,757	1,697	1,617	1,747	1,487
8	40%	3,292	2,455	3,093	2,325	2,265	1,856	1,796	1,717	1,846	1,587
9	50%	3,392	2,554	3,192	2,425	2,365	1,956	1,896	1,816	1,946	1,687
10	60%	3,491	2,654	3,292	2,524	2,465	2,056	1,996	1,916	2,046	1,787

買車的迷思

❶ 哪裡驗車有保障

　　小施建議還是請真正的第三方公證單位來作檢驗，也就是説只有驗車，並沒有參與販售的單位。不過還是老話一句，找對人買車，或是賣家珍惜自己的聲譽，真的比任何驗車都重要。其實坊間很多的車商鑑定車輛的能力都遠超過許多公證單位，差別就在於他是想拿專業來幫助你，還是拿專業來唬你。

❷ 試車一定要付訂金嗎？

　　試車付訂金只是車商為了促進成交的一種方式，沒有所謂的一定或不一定。若無法接受這間車商試車前要付訂金的規定，就換間買吧！或是亦可與對方協調，基本上沒有什麼強制性的規定。

❸ 中南部的車子比較便宜？

　　在以前資訊較不發達的時代，的確南北有差異。但因為網路的普及和交通便利性的提高，已有很多人會跨縣市找車了，所以現今的南北車價是差不多的。但有可能因為環境及喜歡的車種不同，有些車種可能南部較貴，有些車種反而北部價錢較高。

❹ 幾月買中古車最便宜？

　　中古車不同於新車，並沒有所謂何時便宜何時較貴的問題，因為二手車是以年份來計算殘值。一般會以為跨了年份來買車比較便宜，但對於中古車來説，反而過年前後是銷售的高峰期，車都不夠賣了更不可能便宜賣。

　　不過景氣倒是影響二手車市場的一個蠻大的主因，景氣差，買氣差的時候，也許就是買二手車的好時機。

❺「一手女用少跑」的車真的比較好嗎？

其實這是常見的廣告術語，即使資料上是女生的名字，也不一定是登記的人在使用，可能是男友、老公在用或只是當時買在媽媽或老婆的名下而已。

他們只是利用這樣的廣告詞，來讓您對於此車有另外的想像空間。

無論是男女使用，都會有顧車與不顧車的情況出現，所以還是以車況為準吧！

❻ 二年跑十萬公里與十年跑三萬公里，哪種好？

車和人在某些地方很類似，50 歲的伯伯無論保養的再好，還是有許多退化的狀況發生。所以車齡絕對是影響車況的主因之一。如果預算充足，車齡越小的車妥善率會越高。開了十年的車，很多零件即使少用到，還是會老化。換個方法來說，如果您要買的是預算較低的老車，當然跑三萬公里的車是當中很好的一個選擇。但如果是二年跑十萬的車與十年跑三萬的車，小施會選跑三萬的，因為價位相差可能不大。

車體小知識

❶ 車體被切割過，會有什麼影響？

一台新車的生產，無論是一體成形的大樑或是車體的焊接，都必須要按一定的製程規範，並且通過國際間的標準與碰撞測試才能出廠。

而碰撞過後的切割這件事一定對車體有所影響，否則車商是不會在收購的時候反映在價錢上的。除了精密度的問題以外，重點是強度（安全性）也已經受損。

就像我們將竹筷折成兩段後再以膠水黏接，即使能夠修復到外觀看不出來的程度，但下次再折竹筷的時候仍會從黏接處再次斷裂。

也就是說，車子經過切割、燒焊修復後，即使外觀看起來與往常相同，但它已經無法承受未切割前相同的強度撞擊了，再次的碰撞可能會從切割處再次斷裂。

而車商會檢查是否有地方發生不正常的生鏽狀況，也是因為切割或是鈑金後的烤漆比起原廠產線較為潦草，在修復過的地方很容易再次生鏽，這也是影響車況的原因之一。

❷ 大樑變形會有什麼問題？

這是與切割相類似的狀況，鐵是有延展性的金屬，一旦遭受碰撞會產生皺摺，處理方式是再拉出來撫平。因為承受碰撞的強度已經受影響，下次碰撞時將從皺摺處再次變形。試著將一張白紙對折，然後攤開盡量的撫平，之後在紙的兩端施力，你會發現還是會從原本對折的折線再度變形，就是類似這樣的狀況。

還有修復的精密度問題，原本兩輪和車體是對稱的，假設其中一隻大樑經過潰縮後再拉出來，很難保證可以拉的跟原來的一樣準確，如果兩隻大樑有前後的誤差，那麼這台車就是歪斜的。除了會吃胎外，車體的不平均也是影響安全的可怕因素。

❸ 借屍還魂車會帶我去監獄？

如果是不知情的狀況下也不是您變造的，並不會讓您觸法。

例如a車經過非常嚴重的碰撞或是泡水後要花太多的修理費，就去偷了一台同款的b車，然後將a車的車身號碼牌與引擎號碼牌移植到b車上，就是所謂的借屍還魂。因此屬刑事責任，是公訴罪。

一旦在驗車的時候，驗車人員發現有變造的痕跡，會立即通報警察機關，有可能就會扣車或是需要作筆錄。並由警察機關向上游一一查證。

當然，好的車商除了能夠先幫您排除掉這樣的狀況以外，假設真的不小心買到了，也無須擔心，絕對會負責到底。但就怕遇到在賣的當下就知情，蓄意要欺騙消費者的黑心車。所以要求合約上面的註明與保證不是借屍還魂車也是非常重要的。

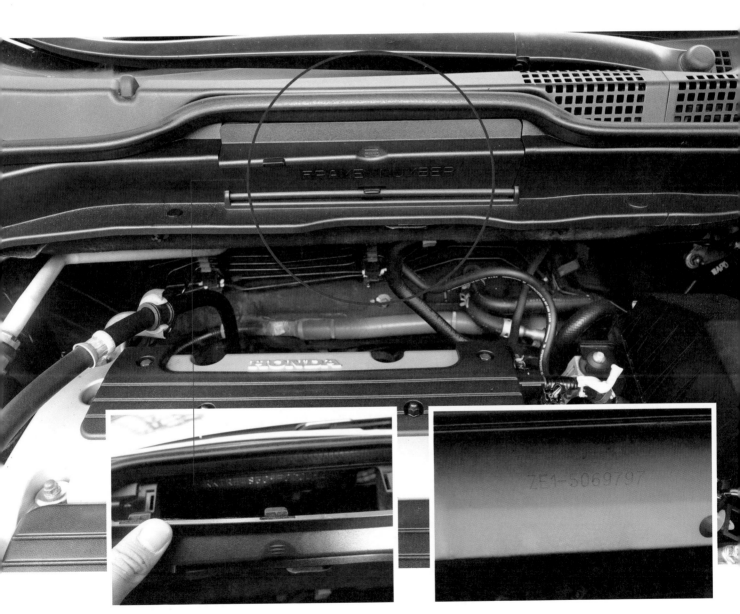

引擎號碼　　　　　　　　　　　　　　　　　車身號碼

合約的陷阱

❶ 合約的陷阱『保固』？

坊間的廣告打著一年兩年幾萬公里的保固，買車的時候合約上也簽署了保固的協議，但您是否真的認真去判斷保固書的內容呢？

內容清楚記載有保固的範圍以及沒有保固的範圍，應當檢視內容，以免造成『會壞的東西都屬於不保固，不常壞的東西才有保固的狀態』。

例如買二手手機，給您保固機殼本體一年，機殼怎麼會壞？會壞都是摔壞的，而摔壞屬於人為，當然也不保固，那麼您說，這樣的保固商家會吃虧嗎？

❷ 我有沒有可能買到權利車？

權利車的狀況是，一台車有兩位不同的債權人，可能其中一人擁有車籍資料，另一人擁有車體本身，而擁有車體的債權人將車子賣出，這樣的狀況，您買到的只會有車子本身，並沒有車籍資料更不可能過戶。所以只要您買的車沒有車籍資料或是無法過戶到您的名下的狀況就有可能是權利車，如果不希望買到這樣的車，記得清楚的於交車時候點交車籍資料，或是至監理站查詢產權是否轉移即可。

❸ 交車時要怎麼檢查？有什麼需要注意的？

交車時候除了確認車籍資料是否齊全以及是否過戶至您名下以外，應該檢查車內外有無與當初不相同的地方（例如輪胎廠牌型號），還有當初買車時協議好要處理的事項與配件是否完成，當然記得拿著車籍資料清楚的比對引擎及車身號碼是否與車上面的號碼相同。合約也需要明確的登載交車的時間（年／月／日／時／分）與交車時里程數。並且避免被加註上與購買時所協議不同或不合理的文字。

❹ 全車原漆？原漆很重要嗎？

所謂的原漆指的是從新車出廠至今都沒有烤過漆的狀況。

但被許多銷售的手法包裝成原本出廠就是白色，現在還是白色，所以是原漆，這樣誤導消費者的方式。

許多新車的車險有鼓勵的方案，就是假設保險期間保戶都沒有出過險（沒有事故），那麼約滿後會送給消費者車體鈑金 4 ～ 8 片不等的免費鈑烤作為回饋，不烤也不能夠折成現金，所以都會區的很多車滿一年後幾乎都不太可能沒烤過漆了，當然小施也見過十幾年車齡的車是原漆（新車至今沒烤過），但漆面都已經呈現退色斑駁了。

當然，如果您將要買的車是真正漂亮的原漆，一定很棒，但是不是真的，可能要有相當經驗的人來幫您查驗了。

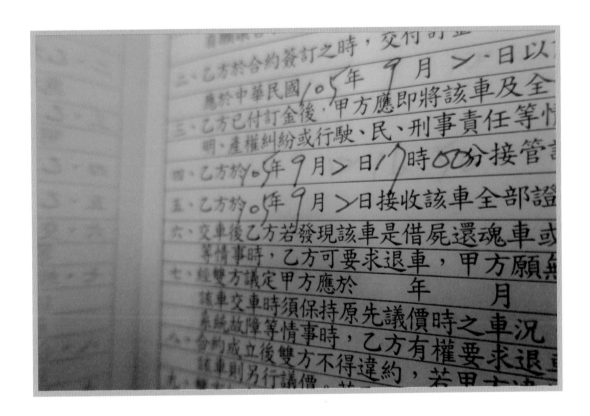

❺ 看車籍資料要注意些什麼呢？

　　一般來説，一台車所需要有的包含：

a. 汽車新領牌照登記書。（類似車子的身份證明，登載引擎車身號碼及排氣量軸距輪胎尺寸等等各項規格資料）也可以看出車子是否為一手車。

b. 行照。

c. 出廠完稅證（如進口車則多一張海關證明）。

d. 備用鑰匙。

　　可以比對牌照登記書與行照上面所登載的車號、引擎、車身號碼與車子上面的是否相同，以及確認年份與當初廣告或是賣方告知的是否相同（注意年份以出廠為主，別被所謂的「年式」所誤導）。

　　而出廠及海關證明，雖然不是辦理過戶時必要的證明，但對於來源的身份證明，當然資料齊全是越好。

　　備用鑰匙的齊全，因為現今許多車都有晶片，所以已經不是一般的鎖店能夠便宜複製，所以齊全的話，消費者就不必再多花金錢回原廠備份了。

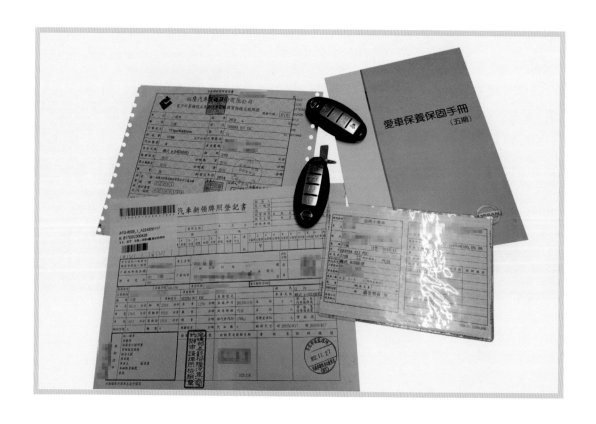

黑心車商
常用的
手法大公開

A. 莫名其妙就簽約了 028.p　　**B**. 莫名其妙就被坑了 032.p　　**C**. 莫名其妙買了爛車 037.p

莫名其妙就簽約了

❶ 可以留一下客戶資料嗎？

案例：

近日有網友 A 分享自己看車的經驗，離開時只是想說留個資料，方便日後聯絡，不料竟然被強迫簽下合約？

那家車行一開始看來沒什麼問題，車行的業務很熱情的介紹，就像朋友閒聊一般，沒什麼壓力的感覺，只是看上的車子，車況還算不錯，價格方面卻有點落差，網友 A 想說回去考慮一下再說。

但就在網友 A 即將離開時，業務突然拿出一本本子，請網友 A 幫忙留個資料，以方便日後聯繫看車或買車相關事宜，還打同情牌的表示，如果沒留資料的話，可能會被公司上層主管責罵。

因為前面對方也陪他閒聊了那麼久，雖然當場沒有要買車，但他確實有打算購買的意圖，所以想說留個資料也方便下次電話邀約看車之類，於是網友 A 就不疑有他的在本子上留下了基本資料，像是姓名、電話、地址等，等到寫完後就轉身離開，但在出門前卻又被叫住……

問題發生了：

沒想到業務將手中的本子整個攤開，竟然是本合約書。而剛剛網友 A 填的基本資料，就在買方的欄位，業務還不要臉的要求網友 A 實行合約，並將合約上的訂金繳出來。

這種根本就是詐騙的行為讓他氣得怒火中燒，少不了和業務一番爭執，差點就打了起來，最後事情越鬧越大，還是打電話請警察來才不了了之。

這種情形其實並不多見，畢竟如此粗暴的詐騙行為很少人會這麼做，但還是提醒大家買車時，如果被要求留下基本資料，就一定要看清楚，有些黑心車商為了搶生意真的是無所不用其極。

　　對於這些黑心車行來說，能騙就騙，只要能賺到錢就好，大部分的人都會為了息事寧人而吃了悶虧，所以對車行來說更無所謂，把目光放在下一個肥羊身上，總會有人因此而受騙上當，不得不乖乖繳錢出來。

---

② 把你騙來現場比較重要

案例：

　　有很多人在現場看車前，都會先上網查資料、了解行情，確認了後再去現場看車，但有時候來到車行，不是看上的車已經賣掉了，就是網路上看到的價格和現場看到的價格不一樣。

　　B 網友經常在網路上看車，某天他突然看到一台五年的 Civic 竟然只開價 15 萬，打電話過去確認，對方不僅承認有這輛車，還告訴他有很多人都在看，讓他過來現場看，怕搶不到好康的，B 網友當天就趕去車行看車了。

問題發生了：

　　沒想到來到車行，詢問那輛 Civic 時，業務卻告訴他已經賣掉了，轉而推薦他另一輛 Civic，同樣年份開價 40 萬。B 網友在電話掛下後再辛辛苦苦地趕來車行，中間也差不過幾個小時，車子卻已經賣掉了，頓時有種被騙的感覺。

　　興致全消的 B 網友草草看過業務介紹的車之後，就離開了。只是很生氣的是，離開前聽到那位業務還很不高興的跟其他業務抱怨「沒錢還想買車」或是「只想貪小便宜」的話語，不僅沒買到車，還讓他抱著一肚子氣回家。

　　網路上很多低於市價的商品，其實只是在玩文字遊戲，或是吸引消費者的一種方式。你可能看到便宜的價格而去，到了現場卻被告知已賣掉後，轉而推薦另一輛車，或是你看到的價格是銀行能夠貸款給你的金額，還要付剩下的自備款……等，諸如此類。其實貪小便宜是人性，但大部分的消費者都只想在合理的價格裡買到行情內的車子或車況，只要合理，大部分的人都會買單。

　　但很多黑心車商都秉持著「見面三分情」的心態，多騙一位客人到現場，就有多一次賣車的機會。等人到現場了，車子到底是不是這個價格，有沒有賣掉，想怎麼說就怎麼說。

❸ 一車多賣，你以為他是個好人，結果……

案例：

　　C小姐被朋友介紹去車行買車，她之前就有在各大車行看過同款車，但這次現場看到的車非常漂亮，車況也很好，保固什麼的都做得很充足，比她之前看過的車都要完美。

　　更重要的是，朋友說能用25萬元友情價賣她，C小姐事先查過的資料裡，這輛車的正常價大多落在30萬左右，能用便宜那麼多的價格買下那麼好的車，她馬上就心動了。

　　朋友拿出的契約也很完善，只是訂金要將近10萬元，讓C小姐猶豫了一下，但因為對方說是要給老闆交代，又是認識多年的朋友，她最後還是狠下心交易付款了。

問題發生了：

　　簽完約，繳了訂金後，C小姐就愉快地回家等交車了，沒想到開心不到一個星期，朋友突然來電，說是發現當初看上的車好像有問題，疑似泡水車，於是想幫她換一輛車。

　　C小姐聽到頓時花容失色，畢竟訂金都繳了，合約也都簽了，本來她想說就退訂好了。但朋友可憐兮兮地跟她說：「她是瞞著老闆打電話過來的」、「拜託不要讓她難做」、「老闆知道會炒她魷魚的」、「一定幫你換台好車」……等，雖然發現自己訂的車是泡水車，讓C小姐不是很高興，但她也想到要不是朋友告訴她，她可能完全不知情的開著泡水車趴趴走，於是她還是同意了朋友的做法，將訂金保留，等她找到一台「划算」的車來給她，至於是多久之後，這就不知道了。

小施提醒您

　　很多人買車不是靠朋友介紹，就是認識的人本身就是業務，認為熟人比較不容易會被欺騙自己，但大多數的案例中，都是因為相信對方，而掉入無底深淵，畢竟熟人才更不容易拒絕，也更不容易產生懷疑的。

　　好不容易看上的車，最後卻買不到，還得等她再給你下一輛車，一般來說早就會考慮直接退訂了，但因為對方是熟人，你才不會懷疑她的說法；也因為是熟人，所以覺得她不愧是朋友，有問題馬上就打給你提醒；更因為是熟人，所以已經繳了高額訂金，還能等待對方再找輛車給你，至於「划算」的車什麼時候會來，車況是什麼樣子，誰知道呢？

❹ 不是只損失訂金而已，走進去就很難全身而退

案例：

　　D先生在網路上看到某輛車的價錢很漂亮，於是前往車行詢問，想當然爾，不僅沒看到網路上說的那台又便宜又漂亮的車，還被業務強迫推銷另一台看起來不錯，但價格卻貴了10萬元的同款車。

D 先生本來沒看到想買的車後就想直接離開，但是兩三個業務圍著他，你一言我一語，好像沒付訂金就無法脫身。

其實 D 先生本來就有所心理準備，他來看車時，身上連任何證件都沒帶，錢包也只放了張買晚餐的 1 千元鈔票。於是他就心想：直接用 1 千元來打發對方吧！於是他隨便簽了個合約，把 1 千元當訂金留下，說是要考慮一下後，就順利脫困了。

問題發生了：

隔天之後，D 先生打給車行，說是不買車了，但是對方卻叫他把合約看清楚，不買不行。這時他才發現在合約內有個條文，用很小的字體寫著，如果不願意購買，就必須賠償車行 5 萬元損失。

他這才恍然大悟，這才是車行竟然那麼乾脆的讓他脫身的原因，其後透過車行不斷的電話騷擾，軟硬兼施，不是說要告他，就是說這輛車也不錯……等，最後 D 先生還是忍痛掏錢買單了。

 小施提醒您

本以為用 1 千塊花錢消災，不料一山有一山高，黑心車行的手段真是層出不窮。其實上述狀況，小施已經諮詢過法務相關人士了，1 千元的訂金要賠 5 萬元，是不符合比例原則的，這在民法訴訟裡應該不難打輸。

大部分的客人受到壓榨、欺騙，大多只能吞下悶虧，安慰自己學到了教訓，以後不會再犯錯，誰知詐騙手法百百種，騙了又騙也不無可能，這樣等於是在養肥黑心車行，讓他們肆無忌憚，反正又不一定會得到教訓。

莫名其妙就被坑了

❶ 中古車貸款訂金無法取回

案例：

約莫去年底，接到這位 E 先生的來電，說他正在車行內要求拿回 5 萬的訂金與證件，連僅有的合約存根也在談判時被拿走！

E 先生於網站上看到某台車，在甲車行售價僅 27 萬要出售，做了許久功課的 E 先生，雖然深知此車有 40 萬以上的行情，但還是鼓起了勇氣約看車。到了現場，不只真的有這台，而且看起來還很漂亮，里程數也少，重點是，真的賣 27 萬！

業務說：「一般這車我們都賣 4X 萬，要不是客人急著售出，你才沒這麼好運碰到。保證沒有事故、泡水、調表還有一年的保固！」想當然爾，當下簽訂了合約，並交付雙證件以辦理過戶事宜，也付了 5 萬的訂金……

問題發生了：

滿心歡喜的日子過了兩天，E 先生接到業者的電話，內容大致是：「這車當初賣你 27 萬是權利啦，沒辦法過戶，如果你真想買，前車主還有 18 萬的貸款要還，你可能要替他清償了才能夠過戶到你名下喔。」

E 先生簡直天打雷劈，不知如何是好，電話中表明不願意購買想退還訂金，覺得他們不守信，而業者就請他找時間來店裡談。到了店中，態度還不錯，說你要退訂，那你合約有帶來嗎？合約上要註明退訂，E 先生不疑有他拿出合約存根，就被業者收走不還他了。

我先請他報警想辦法拿回存根，因為唯有存根才能夠證明他於何時為了什麼事情付了多少的訂金。

最後5萬塊有拿回來，但業者還收了他5千元的XX費用（其實什麼都沒作，反正就是要有名目就是）。

事後了解警察來後有拿回存根，但警察也表示此為民事案件不便多做處理。一切以告訴為原則。

小施提醒您

第一時間一定要先報警！

網路上有許多刊登低價吸引消費者前往的釣魚廣告，從一開始的低價釣魚，變成現在變相的以用低價騙取訂金，一天收個幾台，一台扣個幾千，每天可以收個幾萬，似乎也是個蠻可觀的收入。

小施先前的文章總是談起中國人息事寧人的儒家精神，實在懶得為了幾千元勞民傷財，大多簡單了事，當作花幾千元買個經驗。更不可能為了區區千元萬元而告上法院。

對一些黑心車商來說，先探探您的底，可以就吃，真的吃不下反正最壞的狀況也是全吐出來而已，只能說何樂而不為？

② 強力過件背後的真相

案例：

很多人在過件前就會先繳一部份的訂金，但最後卻不知道為什麼銀行在審核貸款時沒讓你通過，而使得訂金被沒收，但這邊就告訴你們，這全部都是車行的詐騙手法！

F先生在車行看上一輛車，但是貸款的部分有點問題，他本身自備款並不多，如果銀行能貸款的金額不高，可能就沒辦法下訂。但是車行的業務信誓旦旦地拍胸口保證一定能過件，還自稱車行跟XX銀行有合作關係，貸款能很容易通過。因為對方跟他聊了很久，感覺很有誠意，於是F先生就拿出訂金來下訂了。

問題發生了：

隔幾天突然有自稱XX銀行的行員打電話過來，先是問了一堆個人所得之類的問題後，突然爆出一個很高的銀行利率，算起來根本就不划算。F先生回車行詢問，因為說好的貸款金額與銀行利率完全不一樣，所以想退訂金不買了，沒想到原本和氣的業務馬上變了個嘴臉，說是F先生在電話裡回答的流程不對，是F先生自己的疏失，沒辦法退還訂金……

其實這些例子大多都是打從一開始就無法過件或是沒辦法確定會不會過件，但是對黑心車商來說，只要有賺錢就好，先收客人的訂金再說。而很多人可能都沒注意到合約裡面有一項：買家必須配合銀行的流程，如為買家個人疏失，則訂金全額沒收不退還。

但是根本沒辦法過件怎麼辦？車行基本上都會先想辦法跟銀行溝通，但如果真的沒辦法，他們也不會乖乖吐出訂金，而是想盡辦法來唬弄顧客。

有時候大家以為是銀行打過來的電話，其實大多都是黑心車商的內部人員自己打的，目的就是讓你說錯話，使銀行無法通過你的貸款，好沒收訂金。

你以為車行是靠賣車賺錢，但是黑心車商給你看車，給你收訂金，就是不讓你過件，靠欺騙或是收取訂金來獲取利益，空手套白狼，不僅錢收了，也不用給你車，還反過來埋怨你說錯話，讓你以為是自己的錯。別傻了！這都是他們的意圖，錢進了他們口袋就不會再被吐出來，管你有沒有過件。

❸ 黑心車商的估車騙局

案例：

車主 G 想將愛車賣出，於是找了乙車行估價，裡面的業務價錢估得挺高的，但想再看看別間車行的價錢，於是車主 G 又繞到別間車行詢問，在看過一輪後，最後還是覺得乙車行價格最好，於是又回到乙車行準備賣車。

只是此時乙車行裡出現另一個自稱老闆的人卻報了比剛剛略低的價格，並強調自己才是老闆，估的價格才是正確的。還要車主 G 先不過戶，等到今年度稅金繳完再辦理，因為第二個價格也比其他間的價格高，所以雖然不是很高興對方反覆的態度，但車主 G 看在錢的份上，還是同意賣車了。

問題發生了：

在賣出愛車後一年，車主 G 竟然收到一封存證信函，了解詳情後才知道，當初賣車後，乙車行為了省錢，等找到下一位買家才辦理過戶。但是下一位買家卻在車開不久後，就發現買的車有被調過表的情形，氣得想找乙車行理論時，對方卻已人去樓空，情急之下就只好把存證信函寄給了原車主，也就是車主 G。

雖然他可以去法院證明自己的清白和撇清與乙車行的關係，但是想到只是單純想把車賣掉就把事情搞得那麼複雜，車主 G 有點後悔要不是當初被金錢蒙蔽了雙眼，就不會有這些事情發生了。

通常將你的愛車開到車行去請他估價時，會有幾種情形發生：

1. 估高價：會先跟你報高價，等你問過一輪時再回去問，代表你覺得他們開的價錢最高。這時車行就會想辦法砍價，並且換人跟你洽談，例如：「我才是老闆，我才有決定權」、「你這車好像有撞到過，當初沒看到」……之類，反正就是無所不用其極的砍價，反正能越便宜買進越好。

2. 估實價：這是最老實的車商，但坦白說很少見。

3. 東扣西扣：跟你談妥也簽好契約後，再想辦法、巧立名目的扣你應得的錢，像是本來說好 40 萬，再跟你東扣西扣，最後只有 30 萬到手。

　　估車的價錢要記得多做功課，先上網看看合理的價格，再去車行詢問，如果估車時還要約束約西，或是要等人來估價什麼的，最好換一家車行詢問，有經驗的車商，十分鐘就應該知道這輛車的狀況並且知道價錢了。

　　過戶的部分，一定要在合約書上清楚載明交車時間及車商過戶日期，並請車商傳過戶書給你，合約上也該記得載明，交車給車商時的里程數多少，以及哪裡有撞過，這樣才能保護自己避免日後的糾紛。

　　另外，很多車行為了省稅金，都希望等到賣出去之後再過戶，但車子沒過戶，問題就多了，要是車子在沒過戶時被拿去犯罪、超速之類，你就只能莫名其妙地看到警察上門了！

❹ XX 年式！！！XX 萬元 " 起 "！！！

案例：

　　網友 H 在網站看上一輛車，上面不僅標明是 2006 年，後面還有「標價 XX 萬」，這個年份、這個價格真是前所未見的划算。於是他先打電話去車行詢問，確認真的有這輛車後，就被業務邀約去現場看車了。

問題發生了：

　　網友 H 在買車時有先查過資料，於是現場看車時，就發現這應該不是 2006 年，而是 2005 年的車，這下價格就有差了，不過就算這樣，價格還是挺划算的。網友 H 問完車子的情況，正思考著要不就買這輛車好了，但在詢問價格時，一旁的業務卻報出跟網路上不一樣的金額。他頓時傻眼，後來才知道網路上的 XX 萬，後面還有個小小的「起」字，是起標價的意思，這下網友 H 當場打退堂鼓，借尿遁離開了。

 小施提醒您

　　以前經常有灌年份的事情發生，2005 年就要說是 2006 年「式」，差一個年份，就能差個幾萬塊，而且還喜歡寫個「標價 XX 萬起」，讓你歡天喜地的前往，垂頭喪氣的回家！

　　經濟不景氣，各行各業哀鴻遍野，各種銷售手法也層出不窮，有些商家光看價錢就硬是比別家便宜好幾萬，打電話過去就只會叫你來看車，等到你到現場看車時，再跟你說那是起標價、或是銀行可貸款金額，反正絕對不會是上面的價格。

　　如果是實車實圖，照片裡只有一台車，因為是中古車，所以全世界不可能有那麼一台跟它同年份、同車況的車，那麼這台車如果要標價，應該是賣多少就是多少，怎麼會有 XX 萬「起」呢？

　　現在「標價 XX 萬起」常被濫用，因為不想公布價格就叫你打電話問，甚至鼓吹你來車行後才開價，但最後肯定跟你想要的價錢差之甚遠。小施建議您在詢價之前先參考 XX 頁的「二手車網站上的價錢差很多，到底什麼是合理的價錢」這篇文章，若是車商報價和你透過公式得到的答案相差太多，就要多加小心了。

❺ 免頭款，全額貸款

案例：

　　I 小姐偏愛於某一款的車子，新車下不了手，於是轉向中古車搜尋，但是大部分的價錢都在 56 萬左右，就算辦理銀行貸款，她還是得自備將近 10 萬的頭款，這個金額對她來說負擔太大，讓她處於心動卻無法行動的狀態。

　　有一天在經過某間車行時，被「免頭款！全額分期！強力過件！低利率！」的斗大廣告給吸了進去，走進一看就發現自己夢寐以求的同款車，成交價只要 45 萬元，這個價格不僅可以全額貸款，連頭款都不需要支付就可以交車。

　　雖然也有想過該不會車況不好，但是外觀看來保養不錯，不僅沒有撞擊到的痕跡，里程表也在五萬左右。業務也一直在旁邊敲邊鼓，一下說是剛送來的中古車，原車主急著轉手，一下又說這幾天有很多人對它感興趣，最近剛好有活動可以折扣⋯⋯等，I 小姐被那麼一鼓吹，腦袋一混，就直接買下去了。

問題發生了：

　　後來 I 小姐開了不到半年，就覺得車子有點不順，開去原廠檢查後才知道，這輛貌似開不久的一手車，不僅里程數跟原廠的紀錄搭不上，絕對調過表外，還在車子前方發現有撞擊過的情況。本來想回車行理論，卻得到當初的業務已離職，這輛車的狀況有跟離職的業務講過，沒想到他沒跟買家說，不是車行的錯什麼的⋯⋯以為撿到便宜的 I 小姐面對未還完的貸款，與金額不低的維修費用，有種欲哭無淚的感覺。

 小施提醒您

　　當你看到「免頭款！全額分期！強力過件！低利率！」的斗大標題，你心動了嗎？

　　如果你的自備款有限，又只喜歡這款車，其實全額貸款或許是一種好辦法，只是還是要提醒大家，不是說全額貸款的車子都一定是爛車，也遇過客人買到前身是計程車改回自用的，開了五年也沒什麼問題的，如果用心挑選，找對車商，還是可能會有全額貸款的好車的，只是機率不高罷了。

　　「免頭款！全額分期！強力過件！低利率！」看似很吸引人，但還是小心是否有問題，不然等你出問題時，再回去找車行，對方卻把過錯推到當初的業務身上，就求助無門了！

莫名其妙買了爛車

❶ 自售詐騙手法揭露

案例：

不只買車要注意，想賣自己車的人也要特別注意，不要最後錢車兩空！

這次的受害者是車主，他將自己的車放在網路上自售。有一名 J 先生與車主聯絡，並表示對他的車很感興趣，於是 J 先生約車主在監理站的工作時間看車，並希望如果看完 ok 的話就能直接過戶帶走。

想賣車自然希望越快脫手越好，於是車主沒想那麼多就答應了，在兩人相約看完車後，J 先生對車子非常滿意，於是就跟車主直接到監理站辦理過戶，過戶完成後兩人又一起前往銀行交付車款，並當場匯款給車主，成交價 43 萬。

問題發生了：

但是車主卻沒注意到，J 先生在填寫匯款單時，趁車主沒注意只匯了 3 萬元，並交給銀行行員確認匯款蓋章後，再動手腳在 3 萬的前面加了個 4，最後將匯款單交給車主，並表示已經匯入車主戶頭，上面還有蓋章。

車主看到匯款單，自然不疑有他的將車子交給對方了，但卻在之後查戶頭發現只收到 3 萬元時，才驚覺自己被騙了，連忙報警處理，但已經人去樓空，來不及了。

後來聽說有人以低於行情 10 萬的價格購得此輛車，但卻被警察找上，正介入調查中。

在網路發達的時代，自售似乎變成許多人能以更好價格出售愛車的方式，不需要怕車行把愛車價格估低，也不用付代理費……等，但也提醒大家，交易最好是以一手交錢一手交貨的方式為妥，確認拿到手的款項沒錯後，直接存入戶頭，方可交車。另外，約看車時最好在白天，而且人多車多的地方，避免發生搶劫、遇到危險。

最後，買車時記得注意車子是否有來歷不明或產權不清的情況，不然萬一警察找上門，車不能開，錢也暫時拿不回來的話，又該怎麼辦？

❷ 網路自售自用車

案例：

最近網上經常傳出一些假自售的消息，大概是有一群人在互相掩護表演，使看車的民眾不知不覺產生「現在不決定，等下就買不到」的急迫感，從而達成盡快成交的目的！

K 先生經常在網路上尋找自售的自家車，比起去車行買車，他想自己跟車主直接交易似乎比較不會被強迫推銷，而且價格應該也比較好談。他在某個網站上看上了一款車，很心動的打電話給車主邀約看車，因為車主表示看車的人有點多，所以跟 K 先生約隔幾天後再看車。

當天 K 先生在看車途中，車主的手機一直在響，雖然他走到比較遠一點的地方講電話，但 K 先生還是隱約聽到：「有人在看車，要排到後天左右……」、「我上次不是說 XX 萬太低了，你們車行收購價至少要……」等等，感覺這輛車非常受歡迎。

這輛車外觀看來沒甚麼小問題，K 先生大致上都看得還算滿意，本來想要回家考慮一下，但是想到這輛車後面還有很多人等著看，現在不買就可能會被其他人買走，而且車主開的價錢跟剛剛偷聽到的車行收購價差不多，一想到去車行買這輛車可能會更貴，K 先生就心一橫直接辦理過戶付款了。

問題發生了：

K 先生非常高興的跟朋友宣傳自己下手快，搶到了這麼一部便宜的好車，但是有位較懂行的朋友眉頭一皺，覺得這件事沒那麼單純，於是來幫他看車。

最後發現這輛車不僅調過表，還是泡水車，K 先生頓時傻眼，急忙打電話去原車主詢問，但是原車主卻一問三不知，藉故推託，K 先生氣得上法院控告對方。

網路上大部分自售其實多為車行或是汽車相關行業，而車商偽裝自售的原因有三個：
1. 提高客戶看車意願：就像 K 先生一樣的消費者很多，因為怕二手車行可能有奸商、有兄弟、怕被騙、怕被唬弄，所以認為找自售可以降低危險性，至少能約在安全的地方看車，比較有安全感。

2. 處理掉問題車：如果今天的買賣雙方是車商與消費者，法官會認為車行必須了解車子是否有問題，在法庭上車商絕對是劣勢，無法推拖不知情。但如果換成消費者對消費者，情況就不一定了。對方不一定知道車子有問題，也不一定是惡意欺騙。有時候在交易時連買賣合約書都沒有，可能只簽了個讓渡書，它只能證明是在何時以什麼價格賣給你，內容並無保證或擔保事項，如果打官司的話，誰輸誰贏就不一定了。
3. 不需要服務與保固：車商賣車最怕的就是後續的保固及服務，麻煩又困擾，但今天如果是自售車，一般原車主是不會提供保固或維修的。車商假藉自售車的名義，省了麻煩，也不需要管後續的車子狀況。

　　雖然車行的業務裝自售只是銷售模式的一種，但對於想買車的民眾卻騙很大，遇到這種感覺很熱門的情況，還是先冷靜一下，比起撿到便宜，能用合適價格買到稱心的車子不是更重要嘛！

---

❸ 真假里程數

案例：

　　L 先生在網路上找到了一台 TOYOTA 的 CAMRY，里程數 9 萬公里左右，車況也不錯。當時車主開的價錢並沒有比較便宜，只是因為對方和他自稱是同鄉又聊得很投機，所以 L 先生最後還是跟他交易了。

問題發生了：

　　L 先生買車就是因為他常需要帶全家大小回台南老家，但就在交車後隔幾天，L 先生載著全家大小出門，行經高速公路時，卻在交流道前突然熄火，引擎還冒出一陣白煙，幸好是在交流道前，後方來車都已經漸漸在減速了，不然如果是在高速公路上熄火，就真的很危險，特別是 L 先生的媽媽、老婆和小孩，全家人都在車上。

　　車子拖回原廠檢查才知道，這輛車在去年十月曾經回原廠保養，當時里程數就已經高達 28 萬公里了，買車當時所看到的 9 萬公里肯定有問題，除此之外，車子還有碰撞過的痕跡與疑似黃色的底漆。

　　後來 L 先生後來好不容易找到人，對方卻說：「咦？我沒跟你說因為時速表壞了，所以有換過里程表嗎？」、「是啊！有當過營業車啊！可是都改回來了，應該沒甚麼差吧！」等的推託之詞，最後協商的結果是前車主會補助 3 萬元幫 L 先生修車，雖然對方有補助，但之前發生了讓全家人險象環生的事情，絕非金錢所能彌補的。

 小施提醒您

　　里程數是車商進貨成本高低的重要因子之一，一般來說，約二十萬的車子里程數的高低，可以影響到車價約 2-8 萬左右不等，而那麼大的空間不只成為車商隱性的利潤，也是車商下手的目標！

　　一年當中經常接到好幾十通類似的電話，記得大家要先看清楚合約的內容，才有辦法安排後續處理方式，大部分的客人都在事故發生後才發現問題，但已經為時已晚了，而且因為後續的處理非常勞民傷財，所以多數人都會放棄或和解，採取息事寧人的作法。

　　這裡提醒大家，貪小便宜是人之常情，但在正常的行情內，獲得最大車況與服務才是王道。車子不是便宜的書或筆，買錯換掉或丟在一邊就好，車子發生狀況，不管修與不修都很痛苦，好不容易狠下心花了

不少錢買車，卻無法好好享受其中帶來的方便與樂趣。如果修理，花了幾萬塊卻無法在賣掉的時候帶來相對利益；但不修理，車子的價值又會一直折價；想直接賣掉車子又可能賠太多，不管哪種都是掙扎。

❹ 儀表板有燈不亮耶！

案例：

M 先生在找尋適合自己的車子時，不僅在網路上看了照片，現場也看了看車，還仔細詢問了售價，並觀察車子外觀並無損傷情況，里程表的里程數也還在預想範圍後，就下手買車過戶了。

剛買了車子的假日，M 先生決定去郊外走走，順便熟悉車子，沒想到……

問題發生了：

在一個路口，M 先生面前突然衝出一隻貓咪，情急之下急轉方向盤，卻一頭撞向旁邊的消防栓，衝擊力道之大，讓他整個人撞向方向盤，送醫後發現出現骨折狀況。事發後，M 先生想起撞擊時，根本沒有出現安全氣囊，於是跑回買車的車行理論，但是對方卻顧左右而言他，讓 M 先生氣得告上法院。

小施提醒您

一台中古車的利潤如果是 2 萬，修個 abs 燈就要支出 8000，最後獲利 1 萬 2；黑心車商如果根本不打算修，就可以實賺 2 萬！

買車時記得一定要檢查儀表板內的燈號是否能正常亮起，有些黑心車行不會好心幫你測試的，等你上路後才發現，可能會造成嚴重的後果。

儀表板上應該會有幾種燈號，如果他們亮起，就要特別注意：

1. 電瓶燈：會亮起代表電力不足，最常見的是發電機快要發生故障時會亮起，或是電瓶已經無法蓄電該換時。
2. 引擎燈：很多東西故障都會亮起，未必是無法行駛，較常見的有含氧感知器或空氣流量計等電子產品故障，訊息傳回車用電腦判別有誤差，或是不正常所以亮起。
3. abs 燈：限有 abs 車款，簡單來說就是 abs 系統出現問題。
4. tcs 燈：限有防滑車款，是針對防滑系統故障的警示。
5. 水溫燈：較新型的車沒有配備水溫表，如果亮起就表示溫度過高。
6. sra 燈：安全氣囊故障，或是安全氣囊線圈、感應器故障才會亮起。

有些有良心的中古車行看到儀表板上有燈號亮起，自然就是少賺點，幫你修好，但是很多黑心車行不是把燈拿掉，讓你沒看到，不然就是將好的燈與壞的燈做並聯，一起亮又一起滅，讓你完全沒注意到，但這些至少都查得出來是人為因素所造成的。

有更狠的另一種方法，就是把燈泡弄燒掉，讓你不僅不會注意到，等到發生意外後做事後檢查，也無法準確判別這燒掉的燈泡到底是屬於自然因素還是人為因素，就算上法院打官司勝率也很懸。

❺ 回原廠才發現買到借屍還魂車

案例：

　　N 先生一直想找台 2002-2004 年的 CAMRY，還請在修理廠工作的朋友幫忙尋找，只是大部分的平均價都在 28 萬元左右，價格不低且車況不是很滿意，遲遲無法下決定。

　　有天突然發現在某縣市有台 2003 年的頂級 CAMRY 只要 23 萬元左右，當下立刻撥電話給車行詢問，對方也確定現場有這款車，也正是這個價格，於是 N 先生二話不說，隔天就向公司請了假。

　　到了車站，還有業務熱情的接送他前往車行，現場果然看到了那台 2003 年的頂級 CAMRY，業務向他說明這輛車，不僅是一手車，里程數也只有五萬多公里，內外整潔，非常漂亮，當下再次詢問價錢，也確認是 23 萬元沒錯，只是車行要求訂金是 5 萬元。

　　但因為業務的態度與店內整體感覺良好，也沒有強迫推銷的情況，於是 N 先生就二話不說的下訂了。簽約前 N 先生還確認了一下合約書上的車牌號碼和車上的一樣是 AA-9999，金額也是 23 萬沒錯，三天後過戶交車。N 先生拿著合約書滿心歡喜地回台北，覺得這趟旅程非常值得，順便嘀咕了一下自己修理廠的朋友，找來的車里程數多又貴，還沒有自己看到的那麼漂亮。

問題發生了：

　　這三天，服務人員也跟 N 先生保持聯絡，並且告知處理的進度，也傳真了過戶好的行照給 N 先生看，讓他覺得非常安心，於是約好了交車的日期。

　　到了交車的那天，業務照常接送他前往車行，並帶他準備去交車時，N 先生頓時傻眼。

　　眼前的車是 CAMRY 沒錯，但卻是一台外表非常糟，內裝髒到不行，還有檳榔汁的痕跡，里程數有 30 萬，全車不僅有擦傷的傷痕，隱約還能看到計程車的黃漆裸露出來。

　　N 先生當下表示這台絕對不是他當初買的車！

　　但是服務人員請 N 先生拿出合約書，指著合約書上寫的車牌號碼，再指向眼前車輛的車牌號碼表示：「不都是 AA-9999，這就是你買的那台車！」

　　N 先生驚覺被騙了，說什麼也不肯交車，因為跟業務吵了起來，旁邊兩三個業務也聚集過來，圍著 N 先生面露不善，嘴裡不是講著 N 先生沒誠信，說好了又變卦，就是跟旁邊人說 N 先生是來找麻煩的，過戶了後，又說不是這台……

　　大家看看，如果你是 N 先生，現在你該怎麼辦呢？

小施提醒您

　　最近常聽到某種情況的多起糾紛，本來以為只是個案，但案件卻有與日俱增的趨勢，讓小施驚覺情況不對，趕緊告訴大家這種新型態中古車詐騙手法！

　　有人買 ALTIS，結果卻牽台 TIERRA 回家；有人最後訂金被沒收，只能自認倒楣；有人目前還在打不知

道贏不贏得了、贏了又不知道能怎樣的官司；當然也是有人後台硬一點，得以全身而退，但是大家不都是平民老百姓，只是想換部中古車來代步，為何還要比誰後台夠硬呢？

這個案例絕無危言聳聽之意，只是希望大家不要再被欺騙，車牌號碼也是會騙人的，最後不僅買不到理想的車子，可能還要花一筆錢消災。小施建議您簽約時要核對車身號碼與引擎號碼，在看到這篇時也可以翻到 XXX 頁看清楚交車時的注意事項，以免上當！

❻ 就算是計程車改回，也回不去了！

案例：

O 先生的新公司交通不是很方便，他總是得花上一個小時的時間在轉車，於是一直想買輛車代步，不過O先生本身流動資金不太足夠，於是處於雖然想要，卻又無法狠心下手的情況。

某天他接到車行認識的業務電話，告訴他現在車行進了一輛 CP 值超高的車，請他來現場看車。電話裡說得價錢實在是划算得不得了，去掉貸款，頭款的金額完全是 O 先生負擔得起的數字，雖然覺得這個價格很不可置信，但還是抱持著不去可惜的心態前往。到了車行，業務帶他去看了輛車，車況看來很不錯，里程數也不高，O 先生對於這輛車竟然只有這個價格感到有點懷疑，而業務聽到 O 先生的疑問，卻老老實實回答說是這輛車原來是計程車改回的。O 先生找到了答案，但價錢實在便宜，業務也說是因為不景氣的緣故，所以上路沒多久就又改回來了，所以還是付了款，滿心歡喜地過戶帶回家了。

問題發生了：

後來 O 先生開了不到一年，車子就開始出現各種問題，像是儀表板的小燈泡燒掉、電動窗無法控制開關跟皮椅嚴重磨損與退色……等，各種大大小小的零件換的換、修的修，這些費用加總起來都可以買輛一般車了，O 先生想回去找那位業務，卻被車行告知對方早已離職，原本是貪求便宜而買的車，現在想想，真是悔不當初。

 小施提醒您

因為不景氣，當計程車上路沒多久就改回來。這句話就是所謂「話術」，讓你覺得好像開沒很久，而一台計程車改回，就算再怎麼更新零件，也不可能全部都換新，想當然爾，一定是抓重點更換。

用大賣場的液晶電視展示機來舉例，每天從早上九點半開店到晚上九點半打烊，從上班開到下班，有人來摸一摸、有人來按一按，長時間運轉個半年或一年，現在原價3萬元，展示機只賣您1萬8，有人買單嗎？如果把重要液晶換新的，賣2萬3，是不是有點心動了呢？但你有想過除了液晶外的電子零件或按鍵壽命呢？

當過計程車的車子不是不能賣也不能買，只是交易必須站在平等的立場，什麼樣的車就必須回歸到應有的行情，只要交易前據實告知，並且給個雙方都能接受的價格，又有何不可？如果未告知真實車況，且刻意隱瞞，對買車的客人來說，不僅被欺騙以只比行情價低一點的價格買了計程車，想要賣出時車商可不會開出讓你滿意的價格。

three

看車的時候，你需要注意哪些部份？

所有的檢查都只是為了降低購買有瑕疵二手車的機會，但小施必須老實說：「有心人士想掩飾一件事的時候，就連專業的車商都很難察覺」，因此選擇優良的二手車商才是上上之策。

而我們只要「按部就班的檢查」和「搭配好的車商」及「有效的契約保證」，那麼您也可以順利的買到理想中的好車！

「車體檢查」教學影片

https://youtu.be/p4DY0NNsy84

車輛外觀檢查

外部檢查的重要指標在於「相對稱」，因為消費者經驗較不豐富，很多模稜兩可的狀況，或是沒把握的狀況，就利用同車相同部位的兩邊作比較，當然最理想的狀況是可以多看幾台同款車作比較，就能很輕易的判斷出差異了。

環繞車體外部檢查的同時可一併觀察外觀目前存在的刮痕，凹陷等瑕疵。

▼ 圖片編號請參照（045p.—050p.）

A 檢查車體對稱性

　　現在的汽車的零組件都是由機器製造並由人工進行組裝，也就是說精密度非常高，若是你從中間對剖，每個部位的相對位置都應是完美對稱的。若是你發現有某一處的間隙跟它的相對位置並不一致，就能判斷出這個地方有遭受過碰撞。我們並不是說車子不能碰撞，而是若當賣家說這台車沒有發生過碰撞或是沒有更換過零組件，卻被你檢查出了問題，就代表你必須多考慮這位賣家的誠信了。

❶ 檢查車頭保險桿與左右大燈以及葉子版板輪弧的距離空隙應對稱。

確認其中間隙是否對稱

❷ 引擎蓋與左右葉子板間隙應對稱。

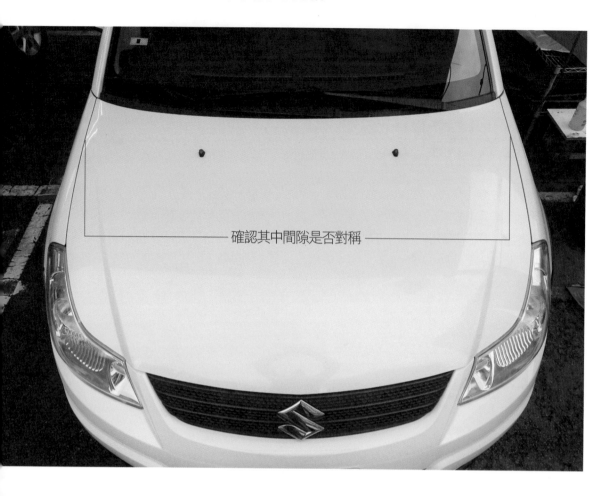

確認其中間隙是否對稱

❸ 左右後視鏡底座間隙應對稱，輕觸有無鬆動。

確認其中間隙是否對稱

❹ 前後輪的輪胎與輪弧間隙左右應相同。

無論前輪還是後輪，左右兩顆輪胎的間隙都應該一樣

（車頭）

（車尾）

❺ A/B/C 柱與各鈑件所有間隙應對稱。

A柱

| 看車的時候，你需要注意哪些部份？

B柱

C柱

❻ 後保險桿與後車廂蓋間隙與尾燈鈑件之間的空隙應對稱。

❼ 以捲尺量測左右輪距是否相同或有誤差。

▲ 圖片編號請參照（052p. — 055p.）

B 檢查車體外部狀況

　　在檢查車體外部狀況時，要注意相對邊是否有色差，原廠在烤漆時必定會同時進行，所以兩邊的漆必會呈現相同顏色。若是你看到兩邊的漆顏色不一樣，就代表有一邊的漆是重新烤過。而會重烤漆就是代表這地方有經過「加工」，有可能是為了掩飾加工的痕跡才需要重新烤漆。

❶ 左右車頭大燈或車尾燈的燈殼顏色是否有新舊色差。

車頭大燈的燈殼會慢慢的氧化（變霧），如果你發現只有一邊的燈罩特別霧，代表另一邊的燈罩有經過替換。代表這台車可能在此處有經過撞擊，導致燈罩破裂。我們在發現這樣的狀況時就需要往內進行檢查了解其他的破損情形。

如 1016 代表的是 2016 年第 10 週

❷ **輪胎廠牌型號規格是否符合，年份與車籍年份是否可相應對。**

如果發現輪胎的製造年份遠大於車籍年份（ex:100 年出廠的車子，輪胎卻是 90 年出廠的），代表這個輪胎被更換成舊胎，或是前車主為了省錢而更換成二手胎或再生胎。就要考慮其他的地方也有可能被動過手腳。而某些黑心車商為了要多賺一些，會在你要準備簽約時把原本的輪胎偷偷地換掉，建議在對方擬定合約時，亦可要求對方連同輪胎的品牌與年份都要寫在合約書上。

另外，小施有遇到一個案例是有一台 2014 年的新車，檢視輪胎年份也是 2014 年沒錯，但胎皮卻都已磨光了！一般輪胎壽命約 4 萬公里，但是這台車的里程表卻只有 1 萬公里，很有可能這台車的里程表有被動過手腳。

❸ **前後大牌是否有扭曲變形或是掉漆褪色嚴重。**

大牌若是有扭曲變形或是掉漆的狀況，代表這個地方極有可能曾遭受過撞擊。此時你就需要往大牌向內的部份進行檢查，確認撞擊的影響程度擴大到了哪裡。

❹ 所有的門與側身線條是否有高低差，或是線條歪斜不流暢。

　　若當我們從側面去檢查車身的線條時，若發現有某處特別不平整，就特別檢查該處與其相對
　　邊，因其可能是因為該處遭受撞擊而產生變形或是其為相對邊招受撞擊而使得該處變形。

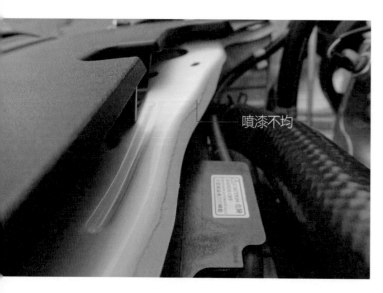

噴漆不均

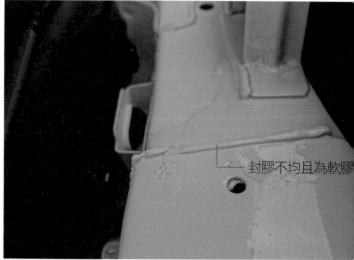

封膠不均且為軟膠

❺ 檢視各鈑金漆面是否有不均勻狀況，或有波浪紋路以及色差狀況。

❻ **檢視汽車前後大牌，是否與亮麗的外觀有差異性存在。**

　　車牌的新舊程度應與車齡相同。當你看到車牌跟烤漆的新舊程度有落差時（ex：「新漆舊牌」或「新牌舊漆」），你就去考慮為什麼車主會重新烤漆或是重新領牌，會不會是想要掩蓋什麼問題？發現這種狀況時，在檢查時就要更加的小心。

車體結構檢查

結構的檢查只要能夠把握「螺絲拆卸」、「烤漆新舊差異」、「原廠焊點」、「不自然的皺摺」、「防水膠條的硬度」這幾點，便能掌握 70%以上的狀況。

▼ 圖片編號請參照（057p. — 067p.）

C 檢查引擎蓋及引擎

　　有經驗的車商只要一打開汽車的引擎蓋就可以把這台車的狀況判斷的八九不離十了。而汽車的引擎室等於人體的心臟，是最重要的地方，在檢查引擎室時候一定要非常的用心。在檢查這個部分的時候，記得「多看同款車」是最重要的重點。

打開引擎蓋流程：

❶ 引擎蓋上防水封膠是否存在是否平整，以指甲按壓應為硬膠。

原廠的引擎蓋封膠必然是硬膠，簡單的辨識法就是用你的指甲去按壓，按不出痕跡就是硬膠。
因為這種膠難以取得，一般的修車廠都是使用軟膠或是乾脆就不上膠。若是你發現這個引擎
蓋上沒膠或是軟膠，代表這個引擎蓋可能曾經更換過。

檢查防水膠條

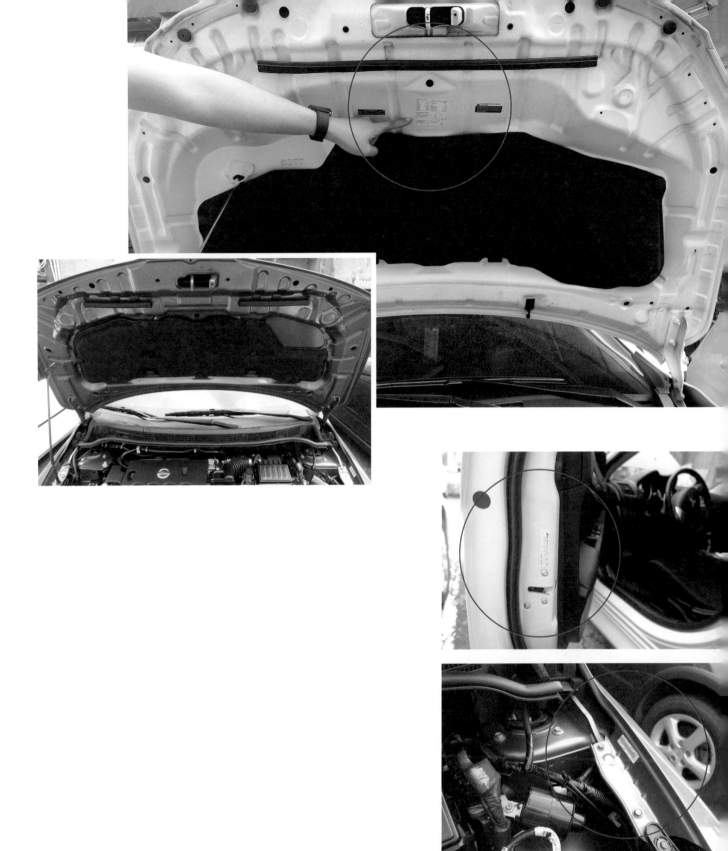

❷ 檢查引擎蓋上有無貼紙。

大部分的車子在引擎蓋都會有車身資料的貼紙，但有些車款是原廠就沒有貼紙。因為引擎蓋的貼紙是無法取得的，若你確定某款車的引擎蓋有貼貼紙，卻在看車的時候沒有看到或是貼紙有被損壞的狀況，代表這台車的引擎蓋很有可能被更換過（無論是原廠或是副廠的引擎蓋都不會有貼紙）。同理，某些車系有鈑件貼紙，如有缺少亦可作為參考。（例外：有些維修廠會找同款報廢車的正廠引擎蓋作更換，這樣也會有貼紙，但螺絲會有轉動痕跡）

❸ **檢查引擎蓋螺絲是否有轉動拆卸痕跡。**

要記得一個觀念，汽車組裝對於每一顆螺絲的要求都都有一定的磅數要求。而工廠在鎖螺絲時一定會把他鎖到最緊。若要拆卸螺絲，必定會在螺絲上留下痕跡。一般我們不會刻意去轉動螺絲，若有轉動的痕跡即有可能是引擎室的某處有被碰撞到，才需要對引擎蓋進行修護或更換。

❹ **檢查引擎蓋內部漆面與檔火牆、避震器上座等漆面是否相同或有無色差。**

引擎蓋內部漆面與檔火牆、避震器上座是一起進行噴漆，褪色狀況應該不會有太大的差異，若有有色差或是明顯的看出新舊之分代表有經過修復噴漆。

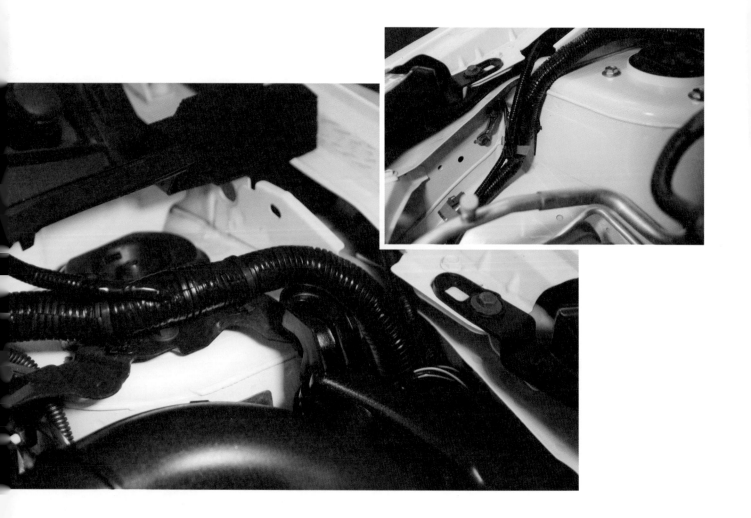

❺ 檢查兩側葉子板內側螺絲是否曾經拆卸轉動，以及是否與週邊漆面有色差。

若發現引擎室兩側葉子板螺絲有轉動痕跡，就檢查位於在前門縫中的內側螺絲是否有轉動，並以手電筒照射葉子板內側，檢查內部顏色。葉子板內部顏色應與周邊漆面顏色相同。若有色差，則代表葉子板可能重新烤過漆或是更換過。原廠有出葉子板的更換零件，而其內側顏色一律為黑色，若是你看到這個顏色代表這塊葉子板肯定有換過。

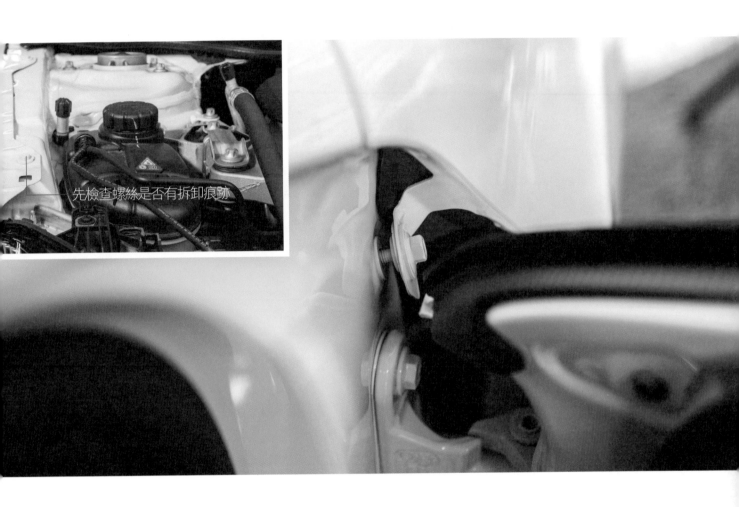

先檢查螺絲是否有拆卸痕跡

拆掉大燈後可清楚看到葉子板內側是黑色的，代表這片葉子板更換過了

⑥ 兩側劍尾漆面顏色新舊是否與引擎室內一致，兩邊比較是否對稱。

劍尾與引擎室也是屬於同時上漆，所以應有相同的漆面顏色。若是漆面顏色不同代表其中一方有重新烤漆過。而兩側的劍尾與其他零組件的縫隙距離都應該相同，若有差異代表其中一邊有經過撞擊或是鈑件有經過更換。

❼ 兩側劍尾與水箱支架連接處是否有燒焊痕跡。

　　大部分的汽車水箱支架都會與劍尾連接在一起，若要更換水箱支架就得用切割的方式才能更換，我們需要觀察水箱支架上是否有燒焊的痕跡，若有看到燒焊痕跡代表這個地方有經過更換。（近期多種車款水箱支架改以螺絲鎖上，可檢查螺絲是否有轉動痕跡）。

❽ 保險桿內鐵是否有皺摺或噴漆痕跡，內鐵與大樑連接處螺絲是否曾經轉動或曾經烤漆。

　　保險桿內鐵可以更換也可以鈑金，檢查內鐵與大樑交接處螺絲是否經過轉動，或是內鐵是否有凹凸不平或是鈑金痕跡。

── 檢查內鐵是否變形

── 檢查螺絲是否有拆卸痕跡

⑨ 車體大樑是否有皺摺、生鏽、鈑金及新的烤漆痕漆。

車體大樑是一台車最重要的骨架（請看 065p. 圖），他也是一個無法進行更換的地方，若你在檢查大樑時發現有切焊、噴漆、皺摺的地方，小施建議你直接看別台車。（因為這已經會影響到行車安全了！）而我們看到皺摺、生鏽、鈑金及新的烤漆痕漆都可以視為該車有經過強烈的碰撞，但現在已修復處理。此時就需要考慮你對於這台車的車況與價格是否覺得合理。（ex: 若是大樑有損傷的車輛，至少需低於市價行情一萬以上）

檢查大樑是否變形

⑩ **檢視整個引擎室內，是否有看起來是年份較新與週邊漆面有色差的烤漆痕跡。**

再檢查各部位之間的漆面顏色之後，最後再進行整體的漆面顏色檢查，以防有看漏的地方。(較新的漆面即為出廠後的碰撞修復)

檢查隱密處的烤漆與其他部位是否有色差

接縫封膠

⓫ **檢視引擎室內的接縫封膠是否為硬膠，原廠焊點是否對稱。**

引擎室內的接縫處應為硬膠，如為軟膠，即為碰撞後修復的結果。在而進行補土後原廠焊點就會消失。因為這種接焊的機具非常的貴，一般的修理廠（包括原廠的修理廠）不會進這個機具，如果你沒有發現原廠焊點，就可以大膽推估這台車的引擎室有經過碰撞。

▲ 圖片編號請參照（069p.—075p.）

D 檢查車門與後車箱

在檢查車門與後車廂的外部狀況之後，我們可以清楚的了解到這台車是否有經過外部的碰撞，以及碰撞的嚴重程度。這些線索對於我們去評估這台車的狀況將會有很大的助益。

❶ 檢查四個門內鉸鍊螺絲是否有轉動拆卸痕。

若門內鉸鏈螺絲有轉動痕跡，則需拆卸 abc 柱防水膠條或門檻再往內部作確認。

❷ 檢查門邊的焊點是否為原廠焊點。

拉開門框的膠條後,需檢查接焊處是否為原廠的焊接點,原廠的焊點形狀應為微微下凹的正圓形,每兩個焊點之間的距離應不會相差過多,這些都是有寫在原廠的規範手冊之中的。若發現焊點形狀不是正圓形、中心處不是向內凹陷而是向外突出或是每兩個焊點之間的距離相差非常的大,甚至是找不到焊點的情況,則代表這個部位有去做過板金、焊接或是補土。

❸ 檢查內鉸鏈螺絲有無轉動痕跡。

若發現內鉸鏈螺絲有轉動痕跡而門邊沒有防水封膠，即有可能是碰撞後更換門板總成。如內鉸鏈螺絲沒有轉動痕跡而門邊的封膠是軟膠或無膠則有可能是門皮曾經修復。

以指甲按壓防水封膠

❹ 打開油箱蓋檢查內部是否有生銹皺摺或噴漆痕跡。

可藉此了解後葉子板是否曾遭受碰撞變型。

❺ 打開後車廂蓋確認後車廂蓋螺絲是否有轉動拆卸痕跡。

看車的時候，你需要注意哪些部份？

❻ 檢視後車廂蓋四周有無防水封膠以及是否為硬膠。

❼ 拆開後行李箱檢查防水封膠是否有生銹、噴漆、皺摺、鈑金痕跡。

若有上述狀況即可視為曾受外力碰撞。

❽ 掀開後備胎上方地毯，檢視後排板是否有生銹、噴漆、皺摺、鈑金痕跡。
若有上述狀況即可視為曾受外力碰撞。

❾ 掀開行李箱內葉子板內飾板檢查是否有生銹、噴漆、皺摺、鈑金痕跡。

若有上述狀況即可視為曾受外力碰撞。

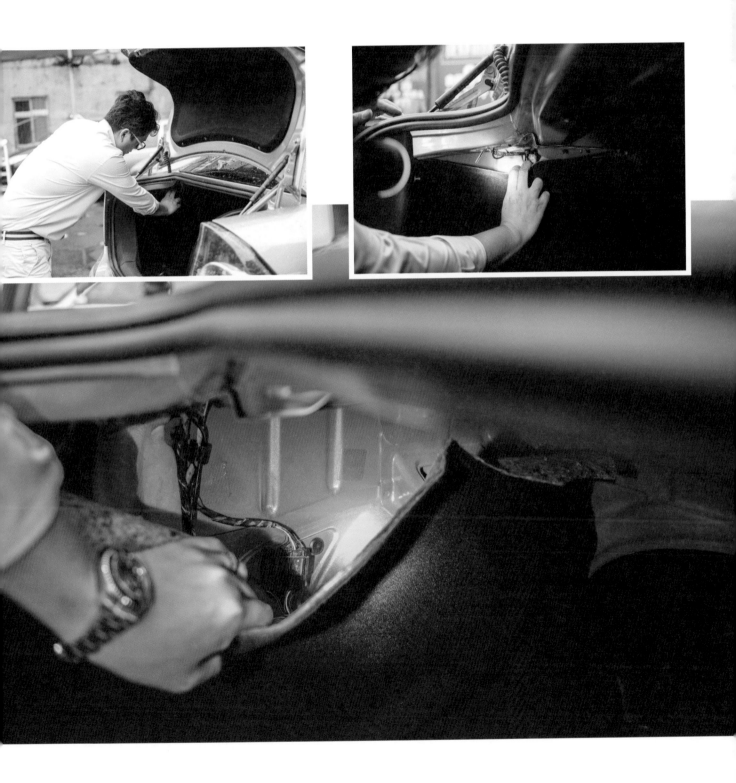

車內環境檢查

　　在做車內環境檢查的時候，小施建議您秉持一個原則，如果車內的氣氛、味道、保持的狀態你不喜歡，就直接跳過這台車。現在的二手車選擇非常的多，我們不需要堅持一定要買哪一台車，多作比較一定能找到一台符合你的期待又不會太貴的車子。

▼ 圖片編號請參照（077p.—085p.）

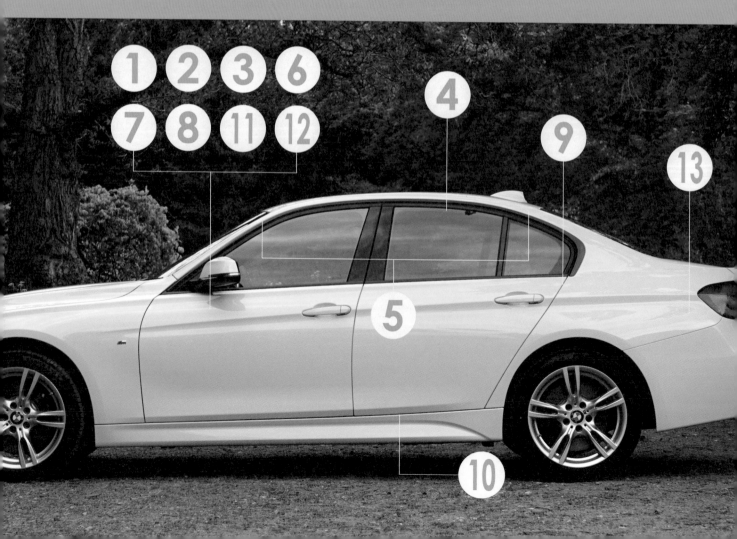

E 內裝檢查

　　也許很多內裝的損壞已經在中古車行經過修飾，但多年經驗看來，內裝的整理是最困難的，它不像外皮的鈑金烤漆廠商多如牛毛，只要花點錢，就能夠整理的光亮如新。很多的中控台零件、門板等等要整理必須花費許多的金錢及時間還未必整理的完善，整理內裝的廠商相較之下少很多並且費用高昂。

　　雖然內裝的檢查與感受未必與車體結構相關，但內裝是前車主愛不愛惜此車的重要指標，小施認為必須去藉此體會前車主的習慣使用，車子內裝的部份能夠告訴我們許多的事。

❶ 打開車門，所迎來的氣味是否有霉味、煙味、水蒸氣味、及其他不舒適的味道。

　　在連雨過後的好天氣，氣味最容易散出。

❷ 檢視各皮椅門板皮件是否有破損、龜裂、煙疤的情況。

多看同型車，瞭解原裝皮椅裁縫形式、布料，即可判斷皮椅是否經過更新，亦可對應里程數是否相符。例如同型車的 A 跑三萬公里，皮椅卻龜裂；B 跑了六萬公里，皮椅卻沒有受損。經過比較後就能判斷哪位車主較愛惜車，甚至哪台車的里程數可能有問題。

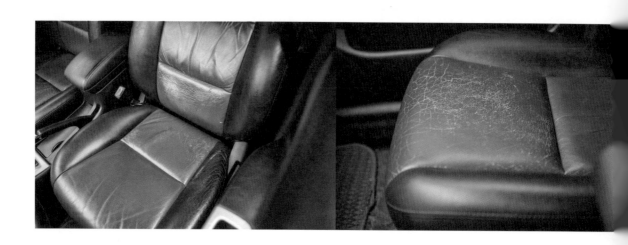

❸ 坐進駕駛座檢查方向盤、排檔頭、各部旋鈕零件磨損、脫漆狀況。

若方向盤與排檔頭因為長時間摩擦而顯得光亮，車的里程數應不會太低。

❹ 檢查門板天棚脫漆脫膠狀況，是否鬆脫。

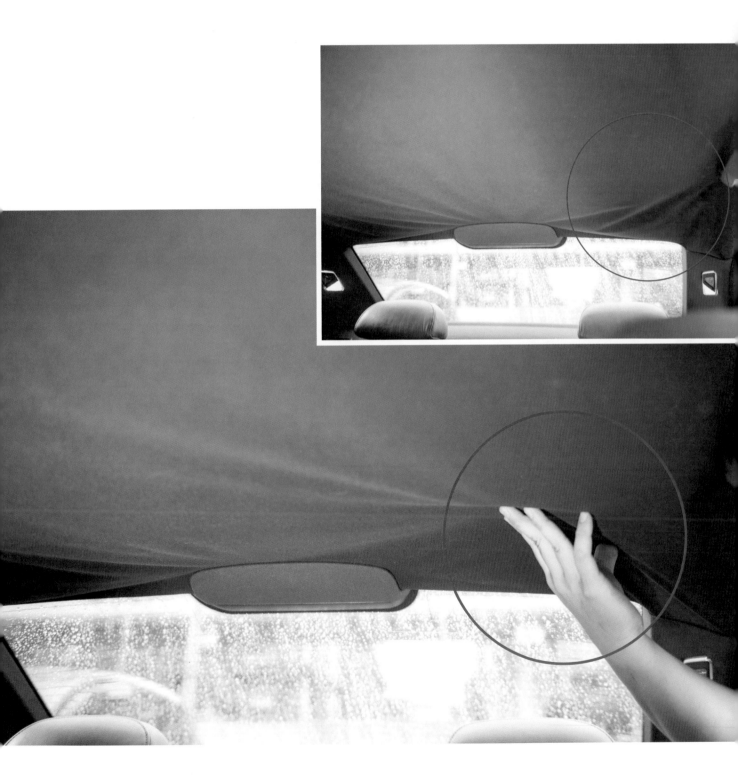

❺ 檢視 A/B/C 柱內飾版是否損壞／煙疤／鬆動。

A柱

B柱

C柱

⑨ 檢查各門邊防水膠條是否破損。

防水膠條是一個不太會破損的地方，一般除了我們要去檢驗這台車或是修理廠需要動到門框才會拆卸膠條。而如果你看到門邊的防水膠條有破損，除了勢必要花一筆不斐的費用去進行更換外，你還要考慮到是否是因為前車主的使用習慣不好或是這台車的車門曾遭受變形才需要更換。

檢查防水膠條

⑩ 檢查內裝、地毯、天棚毛量,確認是否起毛球或某處磨損特別嚴重。

最好翻起室內腳踏墊檢查地毯、天棚絨毛經過暴力刷洗或是使用摩擦頻率過高會起毛球。

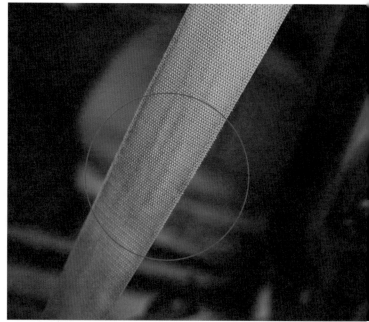

⑪ 拉出安全帶檢查邊緣是否起毛。

若邊緣起毛代表拉伸頻繁,車的里程數應不會太低。安全帶可能因撞擊拉扯而失去回收彈性,亦可同時檢視安全帶的耗損程度是否與里程以及皮椅等內裝狀況有落差。

⑫ 檢查加油踏板、煞車（離合器踏板）是否有與里程不相符之過度損耗。

⑬ 翻起室內腳踏墊、打開後車廂檢查備胎座是否有積水或生鏽的情形。

▲ 圖片編號請參照（087p. —092p.）

F 泡水車檢查

　　泡水車並不是不能買，而是應該要有一定程度的折價才合理。而車子在輕度泡水的狀況是不影響駕駛的，若是中度泡水則可能造成電腦失靈，如果到重度泡水的程度，小施建議您依自身的經濟條件與車子的折價程度作為考量的依據。

　　而以經驗來說，以前台灣的泡水車大多為黃土，現在因為整個排水系統的改善，已經很難找到泡黃土的泡水車了。近來有些泡清水的例子出現，因泡了清水沒有泥土來作為佐證，實在是非常難查證，就算是專業的車商也很難判斷出來。

　　還是建議於合約內請賣家給予至少七天的鑑定期，如有泡水，以原車價回收，讓消費者更有保障。另外要注意一點，不能把有生鏽或是泥沙視為泡水車的判斷基準，在海邊、硫磺區或是工地的車子都有可能會有上述的狀況發生。如果不確定車況，只要記得一個原則，有疑慮就多看幾台車。

重度

中度

輕度

❶ 檢查門檻與地毯有無泥土痕跡。

一開始先檢查車身進水裡面的最低點（門檻與地毯），若查證沒有泥土痕跡，就可以跳過位置更高的中控台與後座。

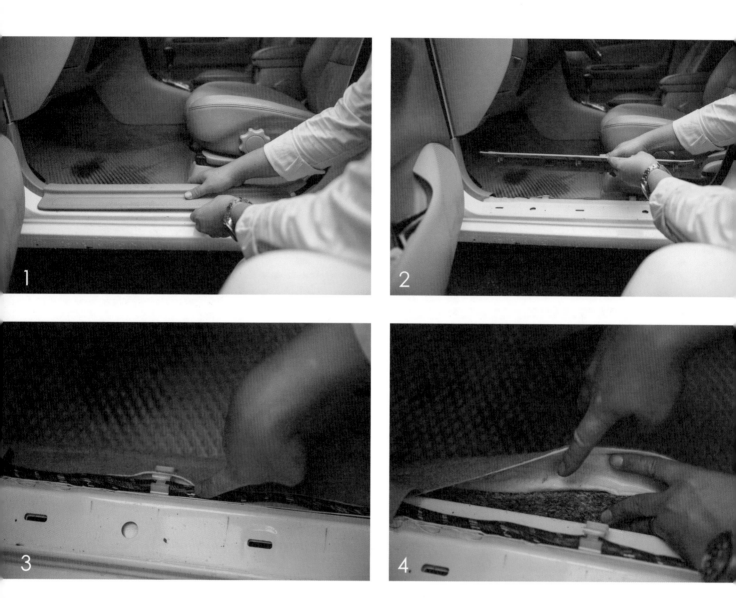

❷ 拆下門戶定（門檻）飾版，翻起車內地毯，檢查線路與溝槽內是否有乾泥土附著。

❸ 檢查保險絲盒內是否有泥土附著。

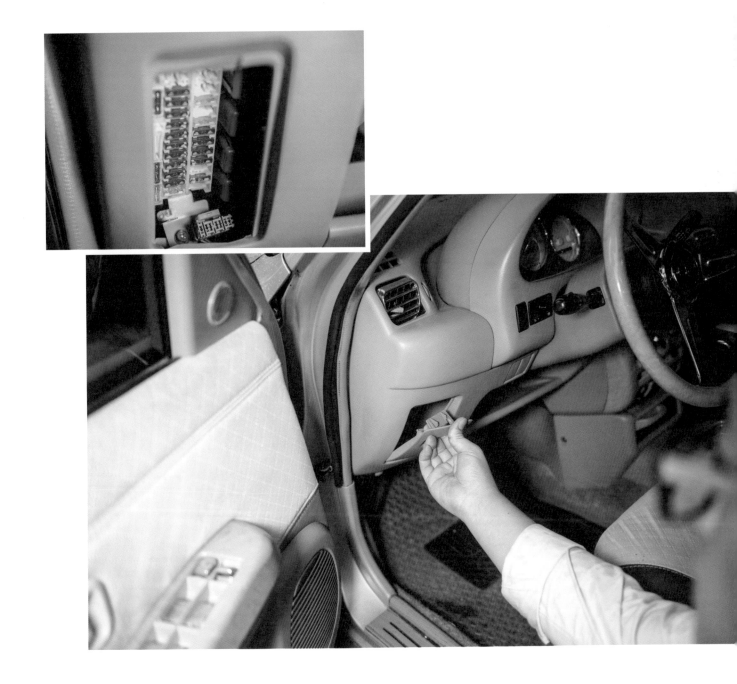

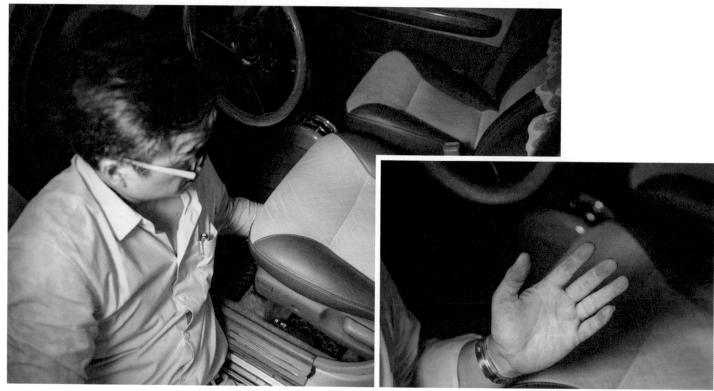

❹ 檢查座椅螺絲與椅座底部是否有不正常的鏽蝕或是泥土附著。

❺ 手伸進方向盤底（中控台內部）觸摸是否有泥土。

❻ 開門後以嗅覺感受是否有不正常的味道或是霉味。

❼ 亦可拆下或翻起後座椅底部查看是否有泥土附著。

引擎及週邊靜態檢查

　　如為車商的車，通常引擎室會經過清洗，目的在於將一些油漬洗掉，讓您無法判定，這時通常建議往越底部檢查越好，通常一般汽車美容店僅從上部沖洗，如果能夠趴下從底部檢視，可能有機會檢視到油漬。或經過路試後再次檢視，也許也能發現新鮮的油漬。

　　一般人不太會去清洗引擎室，所以假設號稱自售車，引擎室卻有經過清洗的痕跡，那麼也有機率是車商車或是相關行業呦！

▼圖片編號請參照（094p. — 102p.）

❶ 檢視引擎週邊是否有油漬，或趴下檢視引擎底部有無油漬。

❷ 檢視方向機油壺週邊是否有油漬。

方向機油壺

看車的時候，你需要注意哪些部份？

❸ 檢視煞車總磅及油壺週邊是否有油漬。

煞車總磅

❹ 檢視水箱的鋁製接合處及副水箱週邊確認是否有水或水漬。

❺ 檢查各水管接頭是否有水漬。

以手按壓橡膠，感受是否有碎裂。

水管接頭

⑥ 檢查皮帶及惰輪的新舊程度。

皮帶越新，皮帶上的字樣越明顯。

❼ 輪胎年份檢查確認是否有吃胎或變形現象。

檢查輪胎的內外側摩擦是否不平均。

❽ 發動後原地轉動方向盤查看是否動力輔助失效，變的重手或有異音。

❾ 發動後打開冷氣壓縮機確認功能是否正常。

若開啟後轉速被過份拉低至快熄火，代表發電箱機供電不足。

❿ 檢查冷暖氣功能是否正常。

⓫ 冷氣出風口左右是否有溫差。

駕駛側與乘客側都須檢查出風是否正常。

兩側出風口

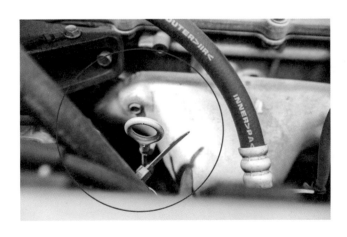

⓬ 拉起油尺或打開機油蓋確認是否變質。

先檢查機油是否足夠，再檢查聞聞看機油是否有燒焦味或是牛奶味。油與水混合會呈現乳白色，目視是否有呈現乳化狀態。

⑬ 檢查水箱內部的水箱精是否乾淨。

在冷車時打開水箱蓋或是塑膠副水桶，檢查內部為乾淨水箱精或是生鏽水。

看車的時候，你需要注意哪些部份？

⑭ 檢視變速箱油是否焦黑。

拉起變速箱油尺，聞看看是否有燒焦味。

⑮ **檢查各水管油管週邊狀況。**

檢查是否有漏水或是漏油的狀況。

看車的時候，你需要注意哪些部份？

appendix

／附　錄

試車

　　常有人說想買中古車，要記得先留點錢準備整理，這是正確的觀念，小施常常說：「前車主或是車商沒做的事，沒修的東西，就是消費者買回去自己花錢整修。」就是這道理。

　　所以除了判定車子內外結構狀況以外，實際的道路測試就顯得非常的重要，如果能夠對於一些耗材零件的狀況在心裡有個底，當然有機會也要多測試所有的電裝品（例如電動窗中控鎖）是否動作正常，這樣的動作，可以讓消費者更加確認是否可以購買，也可以成為談價錢的籌碼。

　　而坊間許多車行有著『如非下訂，恕不試車』的規定。對於這個不成文規定，小施認為於現今的消費環境不太合理，建議如果有要先訂車再試車的狀況，應當可以力爭要求，要不就找間可以試車的買吧！

　　試車當中請記得別開音響，好好體會車子想傳遞給你的聲音跟訊息。

❶ 冷車（工作溫度未達 90℃）時發動，感受引擎的狀態是否良好。

❷ 引擎週邊（發電機）是否有嗡嗡的異音。

❸ 引擎是否有金屬撞擊聲或噠噠聲

❹ 排氣管有無藍白煙或黑煙，排氣的煙有無難聞的燒機油臭味。

❺ 大燈全開的狀況下，是否感覺大燈的燈光微弱。

❻ 由方向盤感受震動感是否強烈，若感受強烈則為引擎抖動過大。

❼ 開啟冷氣聽壓縮機是否有異音，或當壓縮機啟動時轉速被拉低至快熄火。

❽ 怠速是否過高（轉速高於兩千轉）或過低（低於五百轉甚至馬上熄火）。

❾ 打入 D 檔，車輛是否有過大向前衝力道，或伴隨機件相撞的金屬敲擊聲。

❿ 打入 R 檔，車輛是否有過大向前衝力道，或伴隨機件相撞的金屬敲擊聲。

⓫ 踩煞車入 D 檔是否熄火或振動。

⓬ 打入 D 檔後鬆開煞車，是否發現要過 3-5 秒才會有動力向前。

⓭ 行駛當中檔與檔的升降中是否有嚴重的頓挫，或是轉速要到很高（四千轉以上）才換檔

⓮ 於時速約五十公里至靜止，是否於靜止後才感受退回到一檔。

⓯ 檔位是否鎖檔，例如起步及行駛中都固定在二檔，不會變檔。

⓰ 變速箱是否打滑，轉速與速度不成正比，引擎聲音很大卻沒對等的速度出現。

⓱ 突然重踩油門加速，理應退檔。

H 引擎及變速箱測試

「引擎及變速箱測試」教學影片

https://youtu.be/eX7z-olATmE

底盤測試

❶ 行駛中經過坑洞，底盤是否有金屬敲擊聲。

❷ 四支避震器的相對位置經過坑洞時是否有異音產生，或是有餘震會上下晃動。

❷ 起步時點放煞車，是否有尖銳異音或是明顯的方向盤抖動。

❹ 確認周遭是安全無虞的狀況下，在時速達到 50 公里時急踩煞車，感受煞車踏板是否有明顯阻力、煞車無力、或是軟弱踏板深陷，方向盤左右晃動或方向盤偏移。

❺ 轉彎後方向盤是否會自行回正或是歪斜，行駛中左 / 右迴轉是否有連續金屬敲擊的聲響。

❻ 直線行駛中，方向盤是否會明顯感受到鬆動感。

❻ 行駛中，輪胎是否發出轟隆聲。

❽ 行駛過程中，水溫表工作溫度不宜過高或過低。

J 買車流程表／車體結構圖

用途

1. 載貨
2. 載客
3. 自用

個人喜好

1. 小型四門轎車
2. 中大型四門轎車
3. 五門休旅車
4. 雙門跑車

預算

1. 稅金（排氣量／馬力）
2. 頭期款（貸款金額）
3. 過戶、貸款規費

廠牌

1. 操控性
2. 安全性
3. 經濟性

購車方式

1. 親朋好友
2. 保養廠
3. 中古車行
4. 上網搜尋
5. 報紙或 FB
6. 貿易商

賞車

1. 檢查車體外觀與對稱性
2. 檢查引擎蓋及引擎
3. 檢查車門與後車廂
4. 檢查內裝
5. 引擎及周邊靜態檢查

試車

1. 引擎及變速箱測試
2. 底盤測試

簽約付訂

1. 確認合約內容
2. 確認車號與引擎及車身號碼是否寫上合約

過戶

支付尾款

1. 確認合約上內容是否與本車吻合
2. 再次檢查車號與引擎及車身號碼是否與合約相符

帶車回家

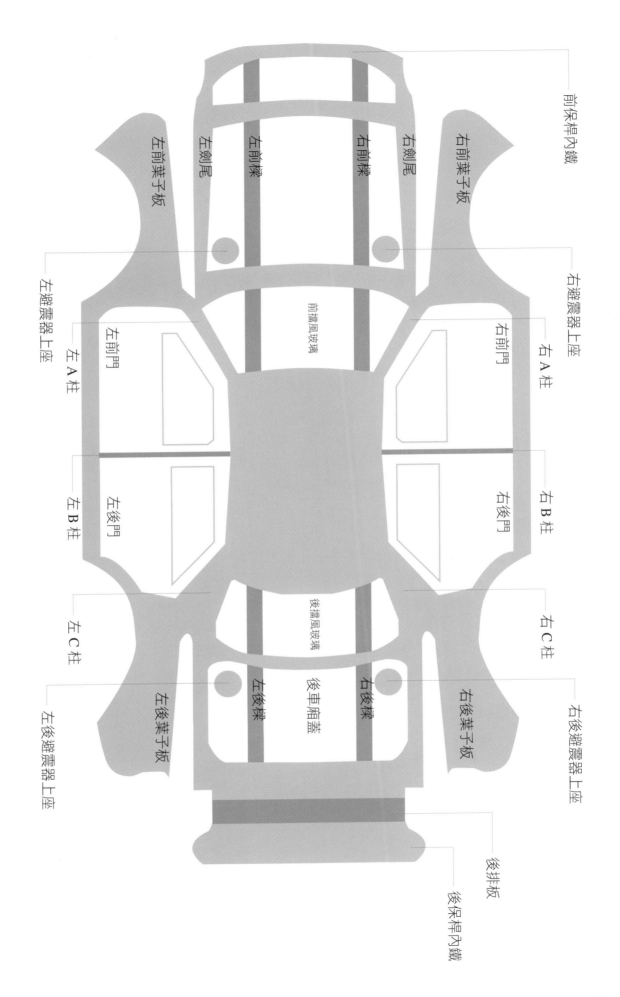

前保桿內鐵

左前葉子板
左劍尾
左前樑
右前樑
右劍尾
右前葉子板

右避震器上座

左避震器上座

前擋風玻璃

左A柱
左前門
右前門
右A柱

左B柱
左後門
右後門
右B柱

後擋風玻璃

右C柱

左C柱

左後葉子板
左後樑
左後避震器上座
後車廂蓋
右後樑
右後葉子板
右後避震器上座

後排板

後保桿內鐵

K 中古車有行情價嗎？

行情，一個大家都想要知道的答案

筆者在中古車界打滾二十餘年，有幸與全台灣中古車菁英共同見證車市歷史，走過與景氣赤裸的中古車，是個很難透徹衡量的商品。因為它是移動資產。汽車組合零件每台都超過上萬件，經過不同的使用歷史，成就中古車沒有一台是一樣的狀態。而基於一車一況的理由，價格難以有固定標準。而中古車市場常態存在資訊不對稱的情況，市場的行情幾乎是失能的，加上中古車平台無法有效管制，價格機制將失去競爭所具備的真實性。

市場要長期健康發展，需要通過透明公開的價格機制，有效平衡供方和需方。中古車行業需要的是正常的行情標準。

借鏡其他先進市場論述，台灣可以嘗試由第三方公正平台形成行情的主軸，並利用大數據整理，將每種車型的平均成交價或是建議售價公開。同時，要求並監督車商將真實年份和保證里程數完整呈現。最後，輔以第三方鑑定服務的普及，讓車況資訊對稱，增加消費信心與信賴。還原了行情，也就是還給市場健康發展的空間。

車商眼中的行情

就車商角度而言，判斷車價的因素很多，包含了汽車品牌、車型、排氣量、里程數、出廠年份、領牌年份、配備、總代理或是貿易商輸入、顏色、幾手車、車況、改裝配備等等，每台中古車都會受到這些因素而影響到收購價格的高低。

而市場供需也是車商判斷收購價的條件之一，熱門車再貴都有人買，因為有市場支撐，冷門車再便宜有時也會吃到閉門羹。甚至，車輛價格還會隨經濟景氣變化而有所波動，因為車輛會折舊，一旦超過銷售期，有些車商虧錢也會賣。

消費者觀察的行情指標

就消費者角度而言，中古車價格到底多少是合理，事實上很難有一個判斷的標準。而一般消費者在選購中古車前會參考兩個方向：「車商報價」和「實價登錄」。

所謂的「車商報價」，是指車商依照車輛殘值的市場行情，加上整備成本、管銷成本、售後服務成本、合理利潤計算後，公開的上架賣價。而「實價登錄」，是去年某一家汽車財團收錄各平台的車商小賣價，加上自己體系中古車部門所累計的成交統計價格。

但光看這兩種數字，就能辨別合理行情嗎？

中古車購買痛苦指數升高

　　近年來網路蓬勃發展，大大改變消費者購物的行為，凡事習慣先上網比價一番，但卻常常忽略中古車應該要關注的重點。追求最低價的結果，導致交易糾紛層出不窮。

　　黑心車商藉網路特點大賺黑心財，真正有良心賣高品質的好店卻無法得到消費青睞，銷售氛圍籠罩在劣幣逐良幣的陰影下，中古車市場加速萎縮。基於行情是如此混亂，筆者藉由幾個客觀的方向，提供您在車價判斷上做分析參考。

判斷車價的基本功

（一）價格偏低的原因

　　網路上中古車平台眾多，搜尋中古車不再是件難事，關鍵在於誰是真實。

　　目前消費者首選的平台，都是以程式背景起家的平台或入口，掌握網路者及使用邏輯，但這些業者並不是那麼瞭解中古車生態及中古車價格，所以只要賣車申請帳號付費就可進行刊登，雖然有做一些查車及停權的管制，但在車價實不實上是很難加以控管。

　　黑心車商總會用優先置前的廣告版位來加強曝光，所以大量的不實價格干擾買車價格邏輯。建議您，搜尋車輛時，請用價格高到低的排序來賞車，高價有高價的邏輯，低價有低價的風險，寧可找最高價狠狠殺價，也不要找的低價的車試運氣。多想想，那麼便宜有可能嗎？

　　建議您可以上上被媒體確認過的中古車平台或是聯盟官網，理解一下為什麼有些網站價格總是那麼低，有管沒有管，真的差很多。例如 Goo2 手車訊平台定期公布相關行情的分析及連載，消費者可以多多利用。

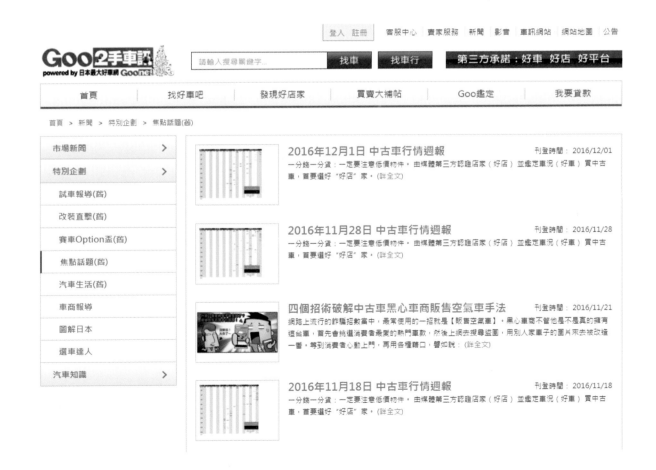

（二）沒店鋪銷售安全嗎

先問問大家，購買像汽車一樣高價商品你會相信路邊攤還是有店面的？

有些車源廣告只留電話沒營業地址，價格也特別低，可能是業務出錢自己刊登，但也有可能是詐騙，反正不管甚麼原因，車輛是高價商品，有一絲疑慮請慎重考慮。這種以仲介釣魚方式存在於市場中的車販子，他們本身沒車，車源都是跟其他車商調做，所以，他們僅會做大自己的利益，根本不在乎買賣間的對價關係，更別說是合理行情。

買賣總會有對價方，你肯定不希望你的對價一方是付不起責任或找不到人的。還有一些糾紛案例，消費者跟仲介買車，在簽訂合約時，賣方的仲介名是假的（通常不會確認賣方身分），消費者在追溯上可能難上加難。

（三）決定車價的三個觀點

1. 正確出廠年份

所有交易買賣都是以出廠年份做計算，非領牌年份。

每款車型的年份與年式是車商判斷收購行情最重要的基礎。新車落地前三年的折幅應該是最大，而不同品牌因應市場供需，則是造就價格差異。例如：市場市佔第一的豐田，與市占落後幾名的福特，在車商收購價上就有 10~15% 明顯的價差，同時也反應在小賣價上。

但要注意，比價的前提是資訊真實性。所以在看車前，請車商提供行照，避開廣告不實風險，黑心車商都用假年份來吸引消費者目光。

2. 正確的行駛里程

里程擔保，請車商標註於合約中。

在台灣，一般用車一年行駛里程推估約為 15000~20000km 間，所以五年車跑十餘萬公里也算是正常使用。而相對跑少的車，車價肯定高一些。但我們也不要陷入低里程的迷思，因為儀表上的數字是可以美化。原則是得到車商的保證。

2015 監理站所推出的里程查詢 app，讓五年以上所有車輛的里程都可供查詢。至於五年以內的車因不用驗車，所以監理系統也無法稽查，因此五年內車在選購前，開回原廠檢查里程是最妥善的方法。

3. 正確的車輛狀況

有第三方鑑定証，安心交易。

中古車最怕用不合理的價錢買到事故、泡水、問題車，這也是同年份價格差異的重點，買賣雙方在不透明的猜忌中進行交易，也因此導致一次一次的糾紛，資訊不對稱是中古車最大的問題。所幸這幾年所推行的中古車鑑定持續受到市場關注，由第三方訓練有術的專家，還原車況歷史，讓車況透明。

中古車是條件說，甚麼條件有甚麼價，所以搞清楚車況最重要。買車前可以要求先做第三方鑑定或是要求對方將提供的資訊寫入合約中。老話一句，老王賣瓜不要信，先明白再交易。

（四）車商的評價

買車，請先選好店。

車商商譽與歷史常常被大家忽略，但實際上是十分重要。筆者認為買車是買車商人品與信任，好的車商提供透明公正的交易，消費者藉由購買商品來體驗好店的良好服務，同時雙方

建立長期關係，擴大良性循環。用車是一輩子的事，慎選車商比慎選車輛更加重要，建議您在買車之前可以先上網 GOOGLE 車商評價。

車商所提供的承諾、專業的服務、車況的透明、售後的保固等等環節，都是消費者必須要關注的重點。車價或許高一些，但保障卻是多很多，這些也是車價行情觀察指標。就如同原廠中古車、聯盟車商或是一般車商，同款車的售價也不會一致，因為品牌與交易安全都跟車價高低有所關連。

（五）固定的折舊率

市場供需決定中古車價格。

用「新車」的數據來推估中古車價格的合理性，可能並不是那麼實用。事實上，每品牌、每車型都有其特殊性，車價對於每一個消費者來說它是件非常主觀的事情，很難去定義它合不合理。但請讀者切記，中古車買賣行情基本上是受到「市場供需」的支配，只要有人買，就代表有行情，很多人買，就代表車價一定貴。

有些業界人士對中古車價格有個計算公式。例如「54321 法」估計中古車價格。假設前提，一部車最多行駛 30 萬公里就報廢，因為超過 30 萬公里後，維修保養費可能比車本身價值還高。因此將里程分為 5 段，每段 6 萬公里，每段價值依序為新車價的 15 分之 5、4、3、2、1。也就是說，新車開了第一段 6 萬公里後，就耗去了新車價值的 5/15，而第二段 6 萬公里則消耗了總價值的 4/15，之後依次遞減。不過這個舊標準，在現今的市場可能也派不上用場，僅能做個想像參考。

（六）比價方式判斷車價

用小技巧了解車商收購行情。

網路上曾有網友說，判斷行情很簡單，把想買的車款條件，去問跟其他車商說，我有一台車要賣，現在值多少，行情就呼之欲出。這也許是個方法，但知道收購行情是一回事，這價格買得到買不到是另外一回事。台灣車商數千家，車源競爭激烈，車商在電話上報價時，也是天馬行空喊價，以見到車為主要前題，所以在網路上或是電話上的報價均是參考，做不了準。

另一個網友說，熱門車行情的判斷有一個小撇步，假設你找 2015 年 TOYOTA CAMRY 售價 76 萬，而 2014 年的售價是 65 萬，那 65 萬可能就是車商 2015 年的收購價。有時候，這種方法對某些國產車款還算準確，但如果是冷門車、歐洲車、高價車都用這個標準衡量，大概會有很多車商想要賣車給你。

學功夫辨真假

那麼本書的意義何在？它告訴你黑心車商的存在以及操作手法，並把專業車商判斷車況的方法介紹給讀者，最後則是提醒你中古車價格邏輯的複雜性。

行情是競爭條件的指標，但並不是絕對的標準，便宜的價格有便宜的原因，貴有貴的道理。因此，在你交易之前，通過這本書所了解的知識及案例，選對中古車。

—— Goo 2 手車訊副總經理　**吳育青**

國家圖書館出版品預行編目資料

二手車購買聖經/小施著 .-- 初版 .-- 新北市：大喜文化，
2017.01
面； 公分 .-- (工具箱 ; 1)
ISBN 978-986-93623-3-7(平裝)

1. 汽車業 2. 購物指南

484.3   105019830

工具箱 01

黑心車商
不告訴你的專業鑑車術

作　　者／小施

編　　輯／蔡昇峰

發 行 人／梁崇明

出 版 者／大喜文化有限公司

P.O.BOX 中和市郵政第 2-193 號信箱

發 行 處／ 23556 新北市中和區板南路 498 號 7 樓之 2

電　　話／ 02-2223-1391

傳　　真／ 02-2223-1077

E-mail: joy131499@gmail.com

銀行匯款／銀行代號：050，帳號：002-120-348-27

　　　　　臺灣企銀，帳戶／大喜文化有限公司

劃撥帳號／ 5023-2915，帳戶／大喜文化有限公司

總經銷商／聯合發行股份有限公司

地　　址／ 231 新北市新店區寶橋路 235 巷 6 弄 6 號 2 樓

電　　話／ 02-2917-8022

傳　　真／ 02-2915-7212

初　　版／西元 2017 年 1 月

流 通 費／新台幣 360 元

網　　址／ www.facebook.com/joy131499

ISBN 978-986-93623-3-7